中公文庫

海　軍　日　記

最下級兵の記録

野口冨士男

中央公論新社

目次

新版の序

本書の旧版は昭和三十三年十一月、現代社から書きおろし出版されたもので、同社の倒産当時には時おり古書店で見かけたが、最近ではほとんどそういうこともなくなった。私とはたまたま「文藝春秋」本誌編集者として識り合って現在では同社出版部にいる細井秀雄氏が、所もあろうに拙宅近傍の古書店でそれを発見したのが契機となって、新版が二十四年ぶりに文藝春秋から上梓されるはこびに至った。その背後には細井氏の意とするところを容認した第一出版局出版部長西永達夫氏の理解があったことも書き落すわけにはいかない。私の著書にも幸運なものと不運なものがあるが、この一冊は右のような次第で前者の仲間入りをすることになった。

本書執筆の動機については旧版のはしがきに述べたので重複を避けるが、誤解をおそれずに言えばヒロシマ、ナガサキ、特攻隊、学徒兵、女子挺身隊は太平洋戦争のスターである。すくなくとも、顔の部分である。が、その影に埋没してしまっている名もなき戦士も戦争の犠牲者にほかならない。私の眼に映じたのはそういう人たちで、戦争さえなければ軍隊に行くはずのなかった弱兵の多くが、粗食と重労働の中で殴られ、蹴られ、打ちたたかれたあげく病んで声もなく犬死にしていった。そういう有様を、私は声をおさえて忠実に書きとめたつもりである。

記憶の誤まりをおそれて旧版執筆当時、軍隊生活の体験者等にさまざまなことを問いただして正確を期したが、二十四年という歳月がもつ重量ははかり得ぬものをもつ。当時もご高齢であられた方は当然として、私より年少であった十返《とがえり》肇《はじめ》、佐藤晃一ほか本書に氏名をかかげた友人知己の多くが世を去っている。回想録などいつでも書けるようなものだが、今は昭和三十三年という時点で執筆しておいてよかったとの思いが深い。

旧版では軍隊内でひそかに書き記したメモの部分が９ポイントで、註釈・補遺の部分が８ポイントであったが、大きな活字が要望されている現状にかんがみて全文を９ポイントに改めたことと、誤植その他のこまかい字句の訂正以外、内容自体にはつとめて原形をとどめるべく加筆訂正を避けた。

二十四年前と現在とでは、戦争放棄から軍備の復権へと、憲法解釈も政治家の思考も大きく変化している。その一方では反核の声も高まりつつあるが、核ぬき戦争も戦争であることを忘れてはなるまい。その単純な理屈がともすればなおざりにされることを、私は最もおそれる。それらの現状を視野に入れるとき、本書出版の時期としては、昭和三十三年当時より現在のほうがより適切であろうかと考えられる。

昭和五十七年六月

著者

まえがき

昭和十九年九月十四日、私は第二国民兵として海軍に召集され、二十年八月二十四日、敗戦によって復員した。復員当時の私の階級は一等兵であった。

これは、その期間に私自身が書きとめておいた日記を軸として、軍隊生活の日常を顕微鏡的に観察することを目的とした、最下級兵の生態に関する記録である。

いうまでもなく、軍隊はとざされた世界である。どのような意図にもせよ、戦時下の軍隊という組織の中で、私のような最下級兵が日記をしたためようとすることは、そのこと自体、すでに無謀なくわだてであった。防諜という建前から、軍は極端なまでの秘密主義をとっていて、どれほど些細な事実をも外部へはもらすまいとしていたからである。

こんなものを書きつけていることが万一にも露見したならば、私は当然、軍機保護法違反の罪に問われて軍法会議にまわされ、軍刑務所に投じられていたことであろう。穏便にすまされたとしても、私が分隊の下士官か兵長から半殺しの目にあわされていたことは確実であった（十月六日の項参照）。

私が日記帳の秘匿に最大限度の注意をおこたらなかったことは言うまでもない。ある程度まで記入が進行すると、私は一冊の手帳がまだ余白をのこしている場合でも、それを靴下の中へしのばせて外出し、面会に来た家族の者に留守宅へ持って帰らせて、また次の一冊にむかうようにしていた。使用した手帳は四冊であったが、望み得るもっとも小型なものをえらんだのも、秘匿を目的としたからである。かぎられたスペースの中に、能うるかぎり最小の文字を以て書きつけられてある私の日記帳が連想させるものは、おそらく中学生のカンニング・ペーパー以外の何ものでもあるまい。私は寸暇をぬすんでは後架の中で鉛筆を走らせ、防空壕の中で、それらを書きしるしたのであった。

先輩友人諸兄の許可を得て、書簡を掲載させていただき、あわせて可能なかぎり精密な註釈や補遺をほどこすようにしたのは、かならずしも日記の不備をみたすことが目的ではなかった。より詳細、かつ正確に当時の状況をつたえて、単なる個人的日録としてではなく、戦争末期における軍隊生活の記録《ドキュメント》としての性格をもたせてみたいと考えたからである。私としては、むしろこの部分を前面に押し出したいという心で、本書の執筆にのぞんだ。その意味では、註釈や補遺の部分がそのままルポルタージュの形を構成するように心がけたつもりである。

とはいえ、勿論《もちろん》、日記が存在しなかったならば、これだけの註釈や補遺の手がかりすら得られなかったこともまた確実であった。ともすれば薄れがちになっていた私の記憶をよびさまして、私の執筆をささえてくれたものは、つねに四冊の日記帳であった。＊印は註釈、☆印は補遺である。

次に、私の家族の当時の概況を記しておく。

父は野口藤作《とうさく》。姓名判断によって真正とあらためていた。当時、東京都渋谷区中通二丁目に居住して、東京労務員給食協力会という会社を経営しており、主として軍需関係の工場に栄養士と調理士とを派出して、出張調理をおこなっていた。

母は平井小トミ。父と離婚して麴町区《こうじまち》（現在・千代田区）九段二丁目に居住しており、私の応召中の二十年二月二十六日死去した。

もと野口姓であった私は、昭和十三年母方に入籍したため、この当時はすでに野口が筆姓《ペン・ネイム》になり、戸籍上は平井姓となっていたわけである。応召当時、私の年齢は満三十三歳に達していて、麴町区五番町所在の実業教科書株式会社に勤務していた。

当時、なかば意地になって花柳界ものばかり書きつづけていた私は、時節柄、執筆禁止にちかいところまで追い詰められていた。徴用のがれの目的もあって、その会社の編集部に勤務していたのだが、二十歳ごろから慢性化しつつあった大腸カタルと胃アトニイがこの年の五月ごろから急激に悪化してきた。そのため、はじめの間は三日置き、後になってからは週に一度ずつ本郷元町の堀内胃腸病院へ通院して、ともすれば勤務のほうは欠勤しがちになっていた。この疾病のために、私の軍隊生活は一そう苦難多いものになった。

姉は冨美子。当時、長女一子とともに母の家に住んで、国防婦人会の勤労奉仕に出ていた。

一子は文化学院中学部二学年在学中、校長西村伊作氏の筆禍事件によって同校が閉鎖となり、帝国高女に転校後、青梅《おうめ》線沿線の航空機工場へ挺身隊員として動員されていた。

妻は直子。私の長男は一麦《かずみ》。私の応召当時、一麦は満三歳であった。

私の家は淀橋区（現在・新宿区）戸塚町一丁目にあって、二十年四月五日強制疎開の取壊し処分に遭った。

この家に直子の実家（早川姓）の妹の光妤《みつよ》と幸子《よしこ》がいたのは、姉妹の両親が私たちの結婚以前に他界し、直子のすぐ下の弟で実家の戸主である仁三が同盟通信社から南方へ派遣されたのち、仁三の下の弘文までが陸軍に応召してフィリッピンに送られてしまっていたからである。仁三は二十一年三月シンガポールの収容所から帰国したが、弘文は私の母と同年同月同日マニラにおいて戦死した。

なお、光妤は昭和十七年春、成女《せいじょ》高女を卒業して、二十年春から徴用のがれのため戸塚町会事務所に勤務しており、幸子は二十年三月成女高女卒業まで、これまた蔵前の貯金局へ挺身隊に動員されていた。

横須賀海兵団建築物略図

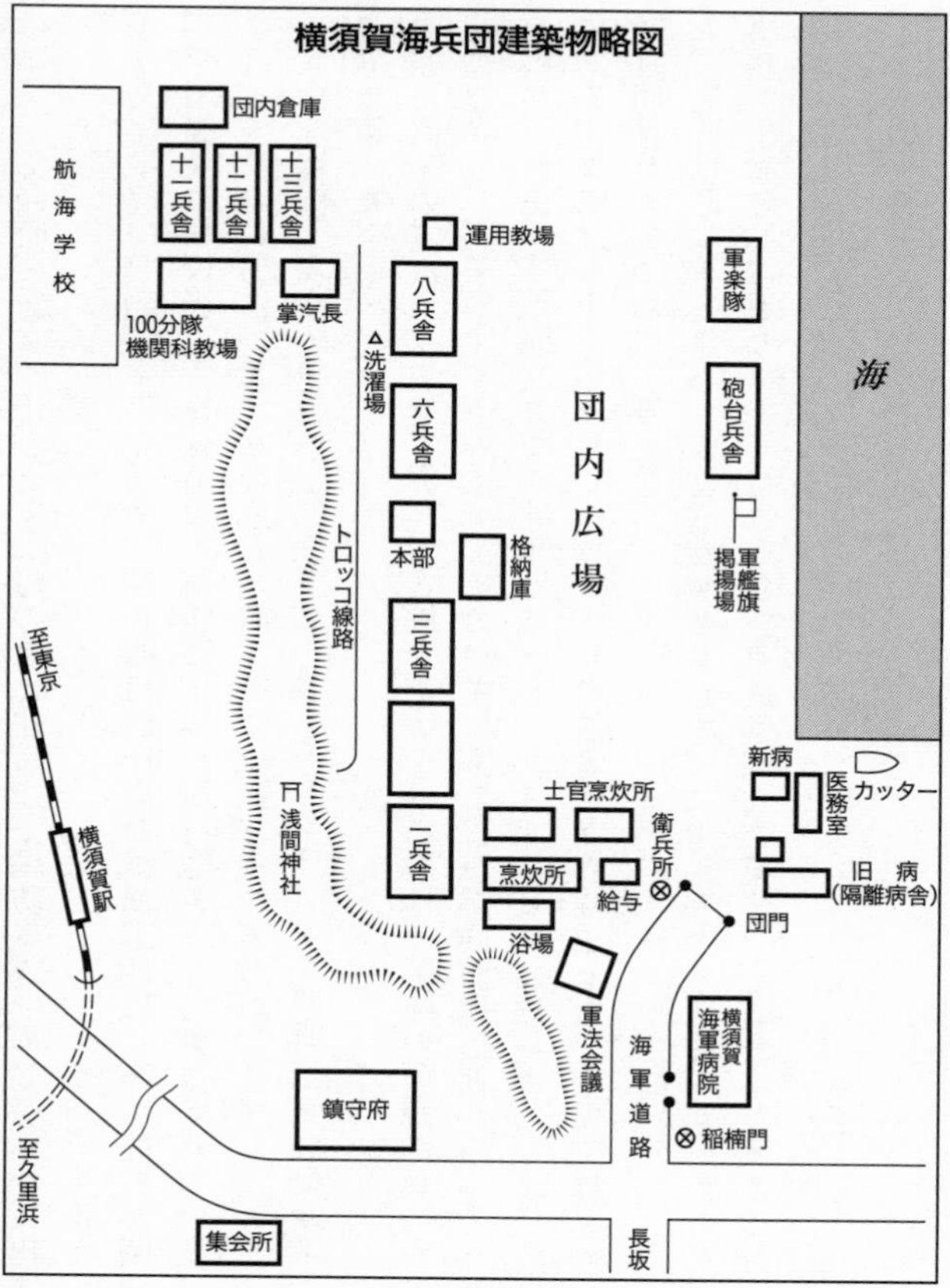

海軍日記

最下級兵の記録

昭和十九年（一九四四年）

九月十四日——十二月二十九日

応召、入団

九月十四日[*1]　木

東京駅[*2]に集合。横須賀海兵団入団。第一〇一分隊一一教班（教班長、佐々木幸蔵二機曹）に編入さる。第八兵舎九区第一卓。

＊1　横須賀海兵団は二ヵ所にあって、横須賀市内のものが第一海兵団、武山《たけやま》にあったものが第二海兵団で、前者が横団《よこだん》、後者が武団《たけだん》と略称されていた。私が入団したのは前者である。横団では毎月一日と十五日の二回にわたって、ほぼ一万人内外の召集がおこなわれ、私はその後、つねに「九月十五日の兵隊」と呼ばれたが、実際には十四日に団門をくぐった。

＊2　東京駅前集合の時刻は午前七時で、集合の場所は降車口前の広場であった。親戚の者以外では作家の豊田三郎氏が見送りに来てくれた。復員後、豊田氏から「あの時の君はションボリしていて、ほんとに気の毒だった」と言われたが、実際「勝って来

るぞと勇ましく」というような歌声で景気よくやっている周囲と、私の見送り人の一団とはまったく対照的であった。母も、姉も、直子も、みんな「涙の見送り」であった。陸軍憲兵に「どけ、どけ」とすごい剣幕で突き飛ばされている見送り人の混雑を掻き分けながら、駅の地下道のような通路へ引率されていった私は、文字通り「後ろ髪をひかれる想い」であった。

私たちが乗せられた特別仕立ての横須賀線の電車には、応召者の姿を見せたくないためか、窓ガラスの代りに目かくし用の板が打ちつけられてあって、椅子も吊革も取り去られていたので、横須賀まで床へ坐っていった。そろそろ私たちに対する牛馬扱いが開始されたわけである。駅前で集合したとき、慶応義塾幼稚舎（小学校）当時の同級生であった菊本秀夫君と一緒になったので同車した。現在、彼は第一物産に勤務している。

父と母とは横須賀へ先まわりしていて、海兵団の入口にあたる稲楠門の所まで見送ってくれた。「死ぬんじゃないのよッ」と私の背後から声を掛けた母の髪は額に乱れていた。身だしなみのよかった母には珍しいことであった。

☆十五日から二十一日までの記入は空白になっている。この間に身体検査があって、レントゲン撮影の結果、呼吸器に異常の認められなかった者は如何なる患者も残留させられることになり、三分の一弱の人員が私たちをのこして帰郷した。

私はこのとき知ったのだが、第二国民兵（徴兵検査のとき丙種になった者）の兵籍は陸軍の管轄下におかれていて、私たち応召者はこの日はじめて、陸軍から海軍へ払い下げられた。——ということは、われわれが如何に兵隊としてはクズモノの寄せ集めであるかを証明していたようなものであったから、軍医としても選りごのみなどしている余地がなかったのは当然であろう。

下帯一本で裸足《はだし》にされたわれわれは、素肌へ上着をまとっただけの姿で半日あちらこちらへ引き廻されたが、身体検査は粗雑きわまるものであった。内科診断にも、聴診器などは使用されなかった。教壇のような高い台の上に椅子を据えて腰掛けている軍医から「既往症は？」と質問されて、私が肺門淋巴《リンパ》腺腫脹を挙げ、さらに消化器疾患と脱肛のあることを訴えると、「よしッ、軍隊で直してやる」と言われたきりであった。事実、盲腸とヘルニヤの患者は悉《ことごと》く入団直後に手術を受けている。合格、不合格にはレントゲン——即ち結核の有無だけが基準とされたわけで、私の呼吸器は健全であった。

不合格者が帰郷したのは五、六日目あたりではなかったかと思うが、私は階段の踊り場の所で、その行列の中に、かねてから顔みしりの或る出版社長の姿を見附けたので声を掛けると、彼は「作家には、こういう所はいい勉強になりますよ」と言った。

そして、つつみきれぬ歓びを押しころすようにして、行列に押されながら急ぎ足で階段を降りていってしまった。彼は当時戦記もので大当りを取った出版社の社長であった。私はとびかかっていって喰らいついてやりたいような衝動にかられたが、やがてその昂奮が冷めていった後には、妙に落莫とした想いがふさがってきた。それは流人《るにん》の心境であり、鬼界ガ島へ置きざりにされた僧俊寛の心境に、遠く通じていくもののようであった。私は在郷軍人会の指示にもかかわらず、遺書だけは書かなかったが、「遺髪」と「遺爪」とを留守宅へのこして来たことを思い出していた。

私は応召中たえず下痢を繰り返して、ついに二十年度に入る早々から病院へ送られてしまったが、その下痢がはじまったのは入団直後の三日目あたりからである。五、六日ごろからは釣床について、交附品の軍服その他の衣類すら自身では受領に行けなくなってしまった。応召の直前まで病院通いをしながら、パンやウドンのような粉食を続けていた私の消化器が、飯粒を噛んでいる暇もないような軍隊の慌だしい食事で障害を起さぬ筈《はず》はなかった。

海軍の主食は、すでに下落の一途をたどっていた銃後のそれにくらべれば悪くなかった。七分搗《づ》きの米七に対して、大麦と小麦が三ぐらいの比率で混入されていたのだと思う。分量も、私などにはとうてい食べきれなかった。食器は「いやだいやだよ海軍さんは、カネの茶碗に竹の箸」というザレ歌の通りのもので、一汁のほかにタクアンか、又はラッキョのような漬物がかならずついた。

八兵舎の私たちの居住区は三階にあった。私たちと同じ日に入団して、この三階から投身した者があると聞いたのは、五日目ぐらいであったろうか。私の隣りの居住区の柱には「故郷のことは忘れろ」と大きく書いた紙が貼りつけられてあった。私はその文字を見たとき、肌がぞおッと粟立《あわだ》って、いやな所へ来てしまったと思った。


九月十七日[*1]（消印）石河《いしこ》大直氏の書信。

発信地・岡山県勝田郡新野村、新野廠舎中部第五部隊、川崎部隊本部
芦屋《あしや》あての御便りありがとうございました。まったくながいあいだ御無沙汰いたしました。

そのご相変らず御達者の様子何よりと存じます。疎開[*2]の方も落つかれました由、小生の方で役立つのでしたら、何時《いつ》にても御利用下さい。蒲田《かまた》の姉も家を売り田舎の方へ帰ってまいりました。弟も元気にて中支に移り、自分の身辺も可なりいろいろありました。妹も挺身隊にて神戸の会社へゆかされたようすですし、一方自分も芦屋の生活もひとつの足場としての時機を劃したように思い、あたためています。

田舎の方から御挨拶させておいた筈でしたのに御無沙汰いたしました。ひまもないのですが、たった二冊岩波文庫の「三つの物語」と「古事記」が側にあります。　草々

＊1　この書信は私の留守宅宛てに発送されたもので、私は十月末はじめて家族と面会したとき入手した。石河大直君は同人雑誌「作家精神」の仲間で、現在は鳥取県岩美《いわみ》町長の職にある。文中の「芦屋」は、応召中に彼が配置されていた土地である。

＊2　軍隊へ行く前につけていたもう一冊の十九年度の日記帳を見ると、私の家で荷物疎開をしたのは八月三日（木）である。その日の日記には次のように記されている。「荷物発送。直子と越ヶ谷にゆき、九時まで待つも牛車到着せず。牛車¥二〇〇（一台¥一〇〇）、荷物預料（月¥五）十二月までの分として¥三〇渡し、謝礼として更に¥三〇」

越ヶ谷は埼玉県南埼玉郡の東武電鉄沿線にある街道町だが、荷物を預けた家は、その越ヶ谷から更に一里余も奥へ引込んだ所にある、増林《ましばやし》村の平野要蔵さんという農家であった。直子の実家がもと越ヶ谷町にあった関係上、平野さんは直子の両親の許へ生前から出入りしていた老農夫であった。十九年末、一麦を短期間疎開させたのもその家である。

石河君の書簡中に「小生の方で役立つのでしたら」とあるのは、私が応召前、石河君の家に疎開させて貰おうかと考えて、そんな手紙を出したことがあったからである。石河君の姉上の御主人は蒲田で医院を開業しておられた筈だから、その家が売却されたのは、御主人が出征なさったためであろう。どこの家庭でも男は応召、若い女性は挺身隊という戦時体制であったことが、この一通のハガキの文面からでも、まざまざと窺い取れる。

九月二十二日　金

腹痛いちじるしく、チスト*を踏台にして、ようやく釣床に就く。夜、絶食。

*チストというのは被服箱のことである。

ここの居住区にも一箇だけ備えられていて、甲板下士官が使用していた。戦争末期の応召兵であるわれわれに交附された官品の衣類は最少限度のものであったが、戦前の兵隊は軍服の着換えのほかにも、冬外套から雨具に至るまで大変な衣裳持ちであったから、そんな被服箱も必要であった。箱の大きさは人間が立膝をしても楽々と入っていられる程度のものであった。われわれは衣嚢《いのう》といわれる厚いズックの袋へ何時も自分の衣類を入れておいて、移動のたびにそれを背負い歩いた。

なお、英国海軍にすべてをみならっていた日本海軍には、英語または英語くずれの特殊な用語があって、それをわれわれ下級兵に覚え込ませる目的で、此処《ここ》の居住区にも掲示が出ていたから写し取っておく。

ネッチング　釣床格納所
内舷マッチ　雑巾
食器マッチ　食器用ナフキン
チンケース　石油カン
オスタップ　洗濯桶
ブルム　桑枝《しだ》箒
チスト　被服箱
ラッタル　階段
デッキ　居住甲板
エンド　端
サイド　隅々
ケンパス　帆布
レーシン　釣床用小綱
ビーム　鉄梁
フック　カギ
スタンション　鉄柱
エーヤトランク　風路
ペンネット　兵軍帽前章
ギヤ　要具

九月二十三日　土

団庭にて余興などあるも、三食絶食して終日釣床に就く。

九月二十四日　日

はじめて診察を受け、休業*となる。

＊団内医務室の診断には三段階あって、休業、出勤、全治と区別されていた。休業の場合は休業札と呼ばれる小さな木の札を腰にぶらさげて、作業が免除される。その代り釣床の中にもぐっているか、または終日兵舎の中に閉じこもっていなければならない。但《ただ》し、休業患者といえども粥《かゆ》食の場合は、自分で食器を持って各自が烹炊所《ほうすいじょ》へ受取りにいく。粥食の場合は梅干だけで副食はもらえない。出勤は医務室へ診察を受けに通いながら軽い作業には従事する。したがって、この段階は「軽業」とも呼ばれる。全治になると軍医の手をはなれる。

九月二十五日　月
入団式ありたるも参列不能。午食よりはじめて粥食を給せらる。俸給[*1]￥三・四六入。兵[*2]籍番号、横国水一八九四一。

＊1　二等兵の本俸は五円五十銭で、戦時手当が一円ついたが、この月は中途から入団しているので日割計算されたわけである。
＊2　入団式に参列しないで入団したというのも病身の私らしいが、ともかく手続上では、私もこれで正式に大日本帝国海軍に入籍されたわけである。兵籍番号の「横国水」というのは横須賀海兵団所属の第二国民兵の水兵科という意味である。なお一般

には、当時でも、海軍の兵隊はのこらず水兵だと思われていた傾向があるので蛇足しておくが、海軍にも水兵、飛行、整備、機関、工作、衛生、主計、軍楽と八科があって、水兵科は通常、兵科と略称されていた。

ところで、姓氏の下に階級を附して相手の名を呼ぶことは陸軍でも同様だが、海軍の場合は階級の下に兵科まで添えて呼ばねばならないから、馴れない間はちょっとマゴつく。二等兵当時の私ならば平井二水であり、一等兵になると平井一水となる。上等兵で水兵科の者なら上水、主計科なら上主と呼ぶわけであって、兵長の呼び方はまた違う。衛生科の兵長なら衛長、工作科の兵長なら工長となるわけである。これを素早く覚えてしまわないと相手に呼びかけることができない。

また、この当時の私の班長は佐々木二機曹であるが、二機曹は機関科の二等兵曹（または二等下士官）で、この人の階級も一曹、上曹というふうに昇進していくわけだが、直接われわれが下士官の相手を呼ぶ場合には全部「誰某兵曹」でかまわない。兵科も階級も略してよい。もう一ついでに附け加えておくと、海軍には「誰某兵曹殿」というふうな呼び方はなくて、自身を「自分」とも呼ばない。それらは陸軍式であって、海軍では「誰某兵曹」、自身のことは「わたくし」である。

九月二十六日　火

午前、館山砲術学校行[*1]第一陣出発。配乗[*2]不能のこと決定。

＊1　勿論、海兵団直属の分隊というものはあるわけだが、海兵団そのものは、いわば単なる兵隊の集配所にしかすぎない。したがって、ここへ入団した者はどんどん実施部隊へ送られていくわけで、私とおなじ日に入団した連中はこの日から館山砲術学校、藤枝航空隊、一相空《いっそうくう》（第一相模航空隊）、二相空、百里空、追浜《おっぱま》その他の配置につくべく出発していった。配置先は大部分が新設の飛行場で、彼等は滑走路建設などの土方仕事に従事した。なお、館山砲術学校は横須賀砲術学校とともに訓練のきびしさを以て鳴り、「鬼の横砲、蛇《じゃ》の館砲」とうたわれていた。

＊2　海軍では陸上勤務の場合にもすべて水上勤務に準じて、艦船と同じ用語が使用される。外出は上陸であり、兵舎の居住区は甲板またはデッキと呼ぶ類である。陸軍の聯隊旗に相当する海兵団の団旗も軍艦旗と呼ばれていて、掲揚と降下の時刻にはラッパが吹奏され、われわれは一切の行動を中止して、黙礼をささげた。それが入浴中であれば、シャボンをつけた素裸のまま、姿勢を正すわけである。

海洋文化協会編纂の『標準海語辞典』（昭和十九年八月博文館発行）によれば、「配乗」という語は、「船員を船舶に分配して乗せること」とあって、私たちの場合には一つの場所から他の場所へ配置換えになることを意味していたが、私は休業患者のために配乗不能になった。病船員が乗船不能になったようなものである。三百人ほどいた私の居住区で配乗不能は私一人であった。

九月二十七日　水

＊一一〇分隊所属決定となりたるも明日に延期。

＊私の同期の連中が八兵舎を出ていくと、すぐ同じ居住区へ今度は「十月一日《いっぴ》」の入団者が入って来ることになっていたので、海兵団に残留と決まった私は、一一〇分隊へ編入されることになった。海軍では一日《ついたち》を「いっぴ」、大尉を「ダイイ」と発音する。

九月二十八日　木

同期兵全部出発。＊唯一人残留となる。

＊この晩は大きな居住区へたった一人釣床を釣って寝たので、蚊が私一人に集中攻撃を加えた。兵舎のすぐ裏が低い丘陵になっていて、雑草が生い繁るにまかされていたので、猛烈な蚊であった。

一一〇分隊

九月二十九日　金

第一一〇分隊[*1]、第一六教班[*2]に移る。分隊費支出￥・三〇。￥五三・六一預入。残￥五三・三一。

＊1　一一〇分隊は三兵舎の三階にあった。八兵舎と同形同大の鉄筋三階建であったが、八兵舎の外観が黒っぽい灰色なのに対して、三兵舎はクリイム色に塗装されていた。この分隊は病人分隊で、配乗不能の兵隊ばかりがごろごろしていた。粗雑な身体検査の結果がそういう分隊を構成させた原因であったが、中にはすでに全快しているのに、戦地へ出されるか、または実施部隊で強い作業に従事させられることをおそれて、明らかに仮病をつかっていると見受けられる者が相当にあった。戦争忌避患者である。癲癇（と称する）患者も十五、六名いて、日中から血色のよい彼等がズラリと釣床をならべている光景は、新入の私の眼になんとも異様に映った。

＊2　一一〇分隊は新兵分隊のため、一六班とはいわずに一六教班という。班長も教班長と呼ばれて、新兵教育に当っていた。

☆ここに一一〇分隊の日課表を写し取って置く。上欄の数字は時刻で、当時の軍隊は二十四時間制をとっていた。したがって〇四・四五は午前四時四十五分の意味であり、マルヨン・ヨンゴというふうに棒読みされていた。
なおこの日、私は所持金と同時に腕時計も教員室へ預け入れを命じられてしまったが、以下に示すような細分された日課表がある以上、これを諳記していれば腕時計などは不要だという理由であった。

〇五・〇〇　総員起シ
〇五・〇七　兵舎離レ
〇五・一五　人員調査
〇五・五〇　解《わか》レ、休メ
〇六・一〇　総員手ヲ洗エ
〇六・一五　朝食
〇七・〇〇　兵舎離レ
〇七・一〇　補科始メ

〇八・一〇　補科止メ、解レ休メ
〇八・三五　兵舎離レ
〇八・四五　始業
一〇・〇〇　休メ
一〇・一五　元ノ課業ニ就ケ
一一・三〇　課業止メ、解レ休メ
一一・四〇　総員手ヲ洗エ
一一・四五　昼食
一二・五〇　兵舎離レ
一三・〇〇　始業
一四・一五　休メ
一四・三〇　元ノ課業ニ就ケ
一五・三五　兵舎離レ
一五・四五　補科始メ
一六・三〇　補科止メ、解レ休メ
一六・四〇　総員手ヲ洗エ
一六・四五　夕食

一七・五五　釣床係配置ニ就ケ
一八・〇〇　総員釣床卸《おろ》セ
一九・〇〇　甲板掃除
一九・一五　巡検用意
一九・三〇　巡検

私の従来の読書経験からいっても、こういう数字の単調な羅列は、とかく飛ばし読みされがちである。それ故ここに文章としてことわって置くが、午前五時に起された兵隊は、午後の四時四十五分に夕食を食べて、七時三十分には眠ってしまうのである。が、そんなことで驚くのはすこし早い。以上は夏日課であって、十一月以後の冬日課になると総員起しが午前六時、夕食は午後三時四十五分、釣床卸し、即ち就寝用意は五時三十分、巡検は七時であるから、最も完璧な「育児法」を連想させる。

兵隊はそのくらい眠らなければ体が続かないような作業を課せられていたわけであったが、夏日課でも冬日課でも、釣床卸しから巡検までのあいだに一時間半もあるということは、兵隊泣かせであった。

海軍の下級兵にとって一ばん辛いのは、作業でもなければ、執銃訓練でもない。デッキ掃除と、釣床卸しと、甲板整列の三つである。そして、これはよほどの高熱でもないかぎり、休業患者といえども免かれるわけにはいかない。私も、勿論この分隊に移った当日からそれを課せられた。そして、一年にちかい応召中で、この日課は一一〇分隊の場合が一ばん厳格、且《か》つ猛烈なものであった。

海軍ではデッキ掃除が満足にできれば、兵隊として一人前だと言われていたくらいである。そのデッキ掃除は、一名「廻れ廻れ」とも称される。居住区の雑巾がけをするだけのことにしか過ぎないのだが、これが決してだけと言い切れるような生やさしいものではなかった。一一〇分隊の所在した三兵舎に例を取れば、中央に幅三メートルぐらいの土足で通れる通路があって、その左右におのおの縦四〇メートル、横七メートルぐらいの、通路から一〇センチほど高くなっている板の間がある。これがわれわれの居住区で、昼間はここへ卓球台よりも少し大きなテーブルを出して食事をし、夜は釣床を釣って寝るわけであったが、左右の居住区は艦船にならって右舷、左舷と呼ばれていた。その両舷の端へ掃布《そうふ》と呼ばれる雑巾を持って、一度に十名くらいずつの兵隊が一列横隊にならばされて、まず自身の進行方向とは逆の壁のほうにむかってスタアト・ラインに着く。そして「廻れ」という指揮者の号令一下、一斉にクルリと方向転換をして、両手で掃布をささえたまま四つんばいの姿勢で、縦四〇メートルの板の間を走っていく。向う側へ行き着くと、また「廻れ」という号令がかかって一斉に方向転換をして……といったぐあいに、これを幾往復かやらされてから、漸《よう》くお次と交替ということになる。もっとも、一斉にというのはスタアトの時だけで、この足並は容易に揃うものではない。早い者は向う側へ行き着いて、ちょっと息ぬきをする暇もあるが、復路もスタアトは同時におこなわれるから、遅い者は棒で尻を叩かれながら向う側へ行き着くなり、またまた「廻れ」とやられて、一そう疲労が身にこたえるわけである。「廻れ」という号令の代りに、呼び子をピッピッと吹かれることもあったし、手に持っている精神棒の先をトーンと床に突いて、それを合図に廻らされることもあった。

この文章を読んでもらっただけでは、実感がないかもしれない。現にこれを書いている私自身、どうしてあんなことにあれほど参ったのかと、今では他人事のような気がするくらいだから已《や》むを得ないが、海軍から復員した友人に訊いてみると、誰でもあれが一ばんキツかったと言う。やっているうちに、息切れと、眩暈《めまい》と、嘔《は》き気《け》を催して来るような重労働であった。尻を立て、下をむいて走っている顔面に血液が逆流して来るためであろうか。なお、掃布というのは、小指くらいの太さの綱の一端を、直径一〇センチたらずの太さに束ねたもので、他端はバラバラになっていた。綱の長さは四〇センチ見当であった。

次に釣床卸しであるが、これもなかなか辛い。釣床そのものがゴワゴワ突ッ張った厚地の帆布《ケンバス》で出来ている上に、相当の巨漢でも寝られるようになっている寝具であるから、フックへ釣ってみるとそれ自身かなり大きなものであるが、この中へカポックという綿の入った薄手の蒲団のほかに、二枚続きの毛布が三枚入っている。八貫匁《かんめ》ぐらいはあるだろう。一七・五五「釣床係配置につけ」の号令で格納所《ネッチング》から釣床がおろされた後は必死の格闘である。一秒でも早く釣りおわって整列をしなくてはならない。しかも、拙速は絶対に許されない。敏速、正確でなくてはいけないのだから、一度で容赦されるわけなどはなかった。釣り終ると、また括《くく》り直しである。そして、漸くもとのネッチングへ納めたかと思うと、またまた「釣床卸し」と来る。これが、ひどい時には立て続けに九回、十回と繰り返される。心身綿のごとくといった状態になる。それでは何故、そんなにきびしく訓練されるのかというと、これにだけはまさしく筋道の通った理屈があった。釣床をしっかり括って置けば、艦船が沈没、または難破するような場合、それを海中へ投げ込んで浮輪の代りに役立てることができるというのである。こういうレッキとした理由があっては、訓練がおろそかにされるわけはない。燈火管制のために窓という窓が閉され、遮光幕を下げた居住区の中で二、三百名にのぼる大の男が号令一下、もうもうたる埃を舞い立てながら、釣床を相手に六回、七回と必死の格闘を演じている光景を想像していただきたい。

これが終っても、巡検までにはまだ大ぶん時間がある。なにしろ、一時間半という時間がいけない。そこで「整列ッ」ということになる。整列そのものは、訓戒または叱責が本来の目的だが、この「整列をかける」下士官や兵長にとっては、本来の目的の後に控えている「罰直」のほうが楽しみなのである。「バッタアをやらないと翌日の飯がまずい」という下士官がいたくらいであった。むろん罰直には「前にささえ」だとか、「フックにさがれ」だとか、「木琴」「急降下」「牛コロシ」その他さまざまな方法があって、その数は一〇四種に及ぶといわれていたくらいであったが、そのうちでも最も代表的であり、且つ最も数多く反復されたのはバッタアであって、整列という言葉は直《ただ》ちに罰直を意味し、罰直はバッタアを意味するほどであった。

海軍ではほとんど絶対と言っていいほど、個人制裁が行われなかった。その代りにわれわれは総員罰直を加えられたわけだが、「整列ッ」という号令をかけられると同時に、右舷と左舷の者は通路を間にはさんで、対《むか》い合せに一列横隊をつくる。この間を、当直の下士官か兵長が片手に木刀様の棍棒を提げて往《い》ったり来たりしながら、「お前たちの中には大学教授もいるだろう。博士もいるかもしれない……」というような前置きにはじまって、二十分――長い時には三十分ちかくもえんえんと説教がつづく。この棍棒が、野球のバットから転じたバッタアまたは精神注入棒といわれるものである。材質は樫《かし》のような硬質のものが多用され、一一〇分隊の居住区に紐を付けて吊してあったバッタアの一本には、「撃ちてしやまむ」と墨書してあった。

説教は前奏曲である。やがてわれわれは後ろ向けをして四歩ほど後にさがり、隊列から一人ずつ二歩ぐらい前進してバッタアと称される体刑を受けることになる。まず直立不動の姿勢から両脚をひらくと同時に、両腕を上に差上げたまま、上体を四十五度の角度で前方に傾斜させる。バンザイをしたままオジギをしている体形を想像していただけばよかろう。この姿勢になったとき、われわれは前記のバッタアと称される棍棒で、いやというほどしたたかに尻ッぺたを何本か続けざまにぶん殴られるわけだが、余程しっかり脚を踏ン張っていないと一撃のもとに吹ッ飛ばされて、床へツンのめってしまう。ツンのめって勘弁されるのなら誰だってそのテを用いるわけだが、そのつど何遍でもやり直しされるので、転べばそれだけ一そう損になる。いずれもジャスト・ミイトだから、野球のボオルなら、当然ホオムランというところだろう。もっともジャスト・ミイトでなければ、骨盤を打ち砕かれてカタワになってしまう。

私などはじめの間、これをやられた晩は上を向いて寝られぬほどであったが、こういうことにも、やはり慣れというものはあるようであった。いよいよ自分の番が廻って来て殴られてしまえば痛い、痛い、というだけのことであったが、次第に自身の番が近づいて来て、もうあと三人、二人……という場面に追いこめられた時の緊迫感にだけは、何時まで経っても慣れることができなかった。精神衛生などという言葉は無造作に使用されているが、これなど、不安というものが如何に健康に害があるかという一例を示すものではなかろうか。五つなり六つなり叩かれて「よしッ」と言われると、兵隊は元気よく「有難うございました」と言いながら、敬礼をして以前の位置へ駆け戻っていくのである。

自分がやられるのも辛かったが、他人のやられているのを見るのもかなわなかった。慣れないうちはベタッという音とともに、ギャッというような声をあげながら、同僚が床へ叩きつけられるのを見ているだけで参ってしまう。一人最低四本ずつとしても、百五十人の兵隊では六百本のバッタアである。叩くほうも相当な激労で、素早く交替しながら流れ作業のように続行されていったが、総員が済むまで中止されることはなかった。一一〇分隊では、この陰惨な行事が毎晩欠かさず繰り返された。私は毎日、日の暮れていくのが怨めしかった。

九月三十日　土　六・三＊　六〇　五・四　五六

診察あり。再び休業。粥食つづく。

＊日附の下の数字は、朝と夕方の体温と脈搏《みゃくはく》とを示している。朝六度三分、脈搏六〇、夕方五度四分、脈搏五六の意味で、日記が十一月ごろになると、この種の記入が連日のように続く。

受診中の兵隊は毎日、晴雨にかかわらず朝夕の二度ずつ医務室前の庭に集まって、自身の患者日誌（熱計表）を探してから、先着順に二列縦隊をつくって待っている。

すると衛生兵が来て、籠の中から取り出した体温計を渡してくれる。それを腋の下へ挟みながらしゃがんでいると、「用意」という号令がかかる。次の「始めッ」という号令を合図に患者自身が脈を取るのだが、三十秒で「終りッ」になる。それを一分間に相当する二倍に計算して報告してから、分隊へ戻って来るわけである。

六[*1]・三　五六

十月一日　日

つめたい霧雨。未明[*2]、岩本要一水通夜。テニアン全員戦死の報を知る。（朝日紙掲示）

＊1　朝のものか、夕方のものか不明。

＊2　通夜の有様については別の場所で記すが、私は臨時の不寝番といった形で、この日の通夜当番を割り当てられたのではなかったかと思う。岩本という人についてはまったく記憶がないが、こういう場所で斃《たお》れても取扱上は戦病死で一階級昇進するから、或は私の同期兵が死後一水になっていたのかも知れない。乱暴な身体検査の犠牲となって入団直後に斃れた人は、その後も絶えなかった。人命など尊重していては、戦争は遂行できない。尽忠報国、滅私奉公の美名にかくれて、人間軽視は日本軍隊の基本的な思想であった。

十月二日　月

*発熱のため釣床に就く。ほまれ二箇、一四銭。リンゴ一箇配給。

*前日「つめたい霧雨」とあるから風邪気味になっていたのではないか。私は休業札を下げている身であったから、釣床へ入ることは許されていたわけであった。

十月三日　火

同班の*増田綱五郎君倒る。胃に穴があいて手術せりときく。輸血せりと。

*増田君はたしか十月一日の入団で、病気のため八兵舎から臨時に一一〇分隊へ移されていたのだと記憶するが、胃潰瘍で重態の患者を無理に召集すれば、こんな結果になるのは当然である。また、低熱患者は病人と認めないという軍隊流儀の罪もあった。

十月四日　水

降雨を衝いて*行軍あれど、休業のため兵舎に残留。本日、再び増田君輸血。

*二等兵には単独外出が許可されず、行軍という名目で時たま引率外出がおこなわれた

が、その帰途、市中の集会所に立ち寄る機会を利用して家族の者と面会することが、兵隊たちにとっては何よりの楽しみであった。日を定めて営庭で面会させる陸軍の場合とは違って、海軍では絶対に団内へ一般人を立ち入らせないから、正規の面会日というものは皆無であった。しかも書信で自身の外出日を留守宅へ報《し》らせることは、軍機保護法違反で厳禁されていたから、余程うまく立ち廻らないかぎり、折角《せっかく》そのような機会にめぐり合っても面会には成功しない。もっとも面会の楽しみが得られなくても、とにかく息苦しい団内を出て市中の空気に触れるだけでも、兵隊には結構たのしかった。

十月五日　木
増田君、経過良好ときく。菊本*（秀夫）君かえる。冷雨降りつづく。

*一一〇分隊に移ってから、前記の菊本君はずっと当番兵のような形で教員室にいたが、それでも私とは分隊が同じであったために毎日顔を合せていた。菊本君は農林省に籍があったため、国家要員というような指名を受けていて、この日召集解除になり、帰宅したのである。

下痢で衰弱していたためもあったが、応召のとき夏の支度しかしていなかった私は、連日の冷雨のために寒くて弱りきっていたので、帰宅する菊本君に父の家へいってもらって、留守宅から冬シャツやスエタアなどを送らせるように伝言をたのんだ。勿論、その種の連絡が非合法であったことは言うまでもない。私たちの入団後五、六日目に不合格者が帰郷した時にも、「お前らは残留者に留守宅へ連絡を頼まれただろうが、そんなことをすれば軍機保護法違反で大変なことになるぞ。お前らはわかるまいと思っているかもしれないが、日本の憲兵はそんなアマいものじゃないぞ」とさんざん脅かされているのを私は聞いていた。それほど、軍隊は機密の漏洩に神経質になっていた。

十月六日　金

雨天。通信[*1]二通ゆるさる。直子と岡田[*2]（三郎）、徳田（一穂《かずほ》）両氏（連名）宛てにす。

＊1　このような書信は「家庭通信」と呼ばれていたが、疑問文は禁じられていた。たとえば「お元気ですか」と書いてはいけない。それでは先方から返事が来る。「お元気のことと存じます」でなければいけなかった。「お前たちは何時よそへ配乗されるかわからない体だから、返事が来たとき此処にいないと、軍隊に異動があったなとわかってしまうではないか」というのが理由であった。したがって、ハガキの終りには

何時も「返信不要」という文字を書かされた。言論統制とは斯《か》くの如きものである。日記など、もってのほかであった。

＊2 当時作家の岡田三郎、徳田一穂の両氏は麴町区永田町所在の文学報国会事務局に在勤していた。

十月七日　土

雨天。

十月八日　日

受診の結果、全治*となる。雨後晴。久しぶりに青空をのぞむ。

＊「全治」になったのだから、私は当然この日か、または次の日あたりから前掲の日課表にしたがって作業、或は訓練に出るようになっていた筈である。この辺りにそのことがさっぱり記入されていないのは、連日おなじような日課が繰り返されていたからであったろう。

十月九日　月

快晴。体のぐあい、やや快方にむかう。

十月十二日　木

南西諸島＊（奄美大島・沖縄）空襲の報を知る。

＊十月一日の項に「朝日紙掲示」という記入があるが、これは至って珍しいことなので、特記して置いたものだと思う。われわれには新聞を見るという機会は、ほとんどというより、全くなかった。戦争のツンボ桟敷に置かれていた。

この日以後、連日のように戦果が記入されてあるのは、新聞が入手できたためでもなければ、掲示が出たためでもない。巡検の直前か直後に、下士官の一人が居住区の中央にある通路にただ一燈だけ灯されている電燈の下へ来て、新聞の戦況に関する部分だけを音読してくれたものを覚えて置いて、翌日になってから記入したのである。バッタアで打たれた後の尻の痛さに耐えかねて、釣床の中で腹ばいになりながら（この体形が如何に不自然なものであるか想像していただきたい）音読を聞いていると、怒られた後でアメ玉をしゃぶらされているような気がしたものであった。

十月十三日　金

東京警備隊*行出発。台湾空襲の報を知る。

*この分隊でも、健康を恢復したと認められた者は次次と実施部隊へ送られていった。私はどのみち何処かへ配乗されるなら東京へ廻されたいと考えていたので、この連中の出発は羨《うらや》ましかった。後に私も東京警備隊行きを志望してすこし運動したが、不成功におわった。

十月十四日　土

台湾方面の戦果、空母撃沈一、撃破一。

第一一教班に移る。再検査*施行せられ、全治（二）となる。

*この意味はよくわからないが、再診断のことであろう。診断の結果、健康と認めた者を実施部隊へ送り出すために、こうしたことが行われたのではなかったかと思う。全治（二）という意味もよくわからないが、たぶん全治という段階の中で更にランクを設け、配乗の可能、不可能を決めたのであろう。私の場合に例をとれば、全治になっても、下痢の後の絶食や粥食で、自身の肉体の衰弱が明瞭に意識されていた。これでは、配乗は不可能である。しかし、勿論、作業や訓練には出されていた。海岸に近い

練兵場で、毎日朝食前に二千メートルぐらい走らされていたのである。足に合わないガボガボのズック靴で、病後の体に二千メートルのランニングは辛かった。

十月十五日　日
台湾方面の戦果追報（空母撃沈破三、撃破三、艦種不詳八、撃墜機百六十機）。遊戯に参加。

十月十六日　月
¥五一・四三。* 台湾方面の戦果更にあがる（空母撃沈破九、戦艦その他十四）。午後母より、夕刻父より来信。

＊教員室に預け入れてあった金の現在高である。私は応召前、外地へ出されることを覚悟して、財布を入れる布製の袋を家人に作らせ、その袋の中に百円札を六枚縫い込んで置いてもらった。したがって、本当の現在高は六百五十一円四十三銭だったわけである。しかし、この六百円は最後まで使途がなく、復員のとき自宅まで持ち帰る結果になった。酒保はとざされ、買いたいものなど何一つ売っていなかったからである。財布入れの袋の紐を通して、肩へケサ掛けにできるようにしてあった。

十月十四日附（消印同日）父よりの書信。

拝啓。直子宛おはがき本日正に拝誦《はいしょう》仕《つかまつり》候《そうろう》。
恙《つつが》なく軍務に御精励の由、何よりの儀と存じ候。一層健康に留意し御奮励切望仕り候。
先日菊本君[*]来訪有之《これあり》候。親戚一同支障無之候間御安心願上候。
折角御自愛祈上候。

＊これで、五日に帰宅した菊本君が父のほうへ連絡に行ってくれたことがわかる。間もなく待望の冬もの衣類がとどくなと、私はひそかに期待した。官品のシャツは冬ものでも丸首の半袖であったから、私のような胃弱で貧血ぎみの人間には、いよいよ寒さがこたえてならなかった。

十月十七日　火

神嘗祭。朝、浅間神社[*1]遥拝式。撃沈破四十隻（うち空母十一）と、台湾方面及びマニラに於《お》ける戦果の続報あり。午後徳田氏、夕直子[*2]（写真同封）より来信。

＊1　八兵舎のすぐ裏手に低い丘陵が迫って来ていて、雑草の生い繁るにまかされてあ

ったことについては前にも書いたが、この丘陵は海兵団の最初の関門に当る稲楠門の所から、海兵団の裏手の海岸近くまでずっと伸びて来て居り、その横腹に横穴式の巨大な防空壕がえんえんと掘りぬかれてあった。海兵団の諸施設はこの丘陵に沿って築造されており、浅間神社はその丘の中腹にあって、海兵団の守護神になっていた。位置としては、三兵舎より団門寄りの裏手にあった。

＊2　私宛てに一ばん数多く手紙をよこしたのは母であったが、母の手紙は内容的に記録性が乏しいので掲載の数を最少限度にとどめた。その次に数の多いのは直子のものであったが、直子は私の復員後自身の手紙を破棄してしまったらしく、現在郵書によるものが一通、人手に託してよこしたものが二通あるのみになった。したがって、この手紙も現存しない。

十月十五日（消印）徳田一穂氏よりの書信。　発信地・本郷区森川町一二四

岡田さんと連名の御ハガキいただきました。御元気で何よりとよろこんでいます。私も元気です。

御申込みの長篇及び短篇の件[*1]、岡田さんと相談の上、出来るだけのこといたしたく思っています。奥さんとも三四度御会いいたしました。一麦さんも御元気ですし、御心配なく御活動の程祈っています。

縮図[*2]も一昨日全部（原稿と挿絵）を整理して小山《おやま》に渡しました。

＊1　私は応召前に書いてあった原稿をどこかで出版してもらえれば、家族が助かるだろうと考えて、岡田さんと徳田さんにその斡旋《あっせん》をお願いしてあった。

＊2　徳田秋声先生の『縮図』が都新聞（現在の東京新聞）に連載中、当局の干渉によって中断されたことは周知の事実だが、きわめて少部数なら刊行してもよいという許可が日本出版会から出て、私の応召前に小山書店の手で出版が準備されはじめていた。このことに関しては後にも出て来るが、せっかく印刷を終ったこの書物は、二十年二月二十五日の空襲で製本屋が戦災に遭ったため、たった一部だけ製本見本を残して全部焼失してしまった。その記念すべき一冊は現在も小山久二郎《ひさじろう》氏の手許に保存されている筈である。

十月十八日　水

台湾方面に於《お》いて来援機動部隊、空母一、戦艦一、撃沈。岡田氏より来信。午前一時より二時まで不寝番。

十月十九日　木

夕食より十五卓に移る。雨。*鈴木兵曹より電話。

*私の身体の脆弱《ぜいじゃく》は、留守宅で非常に心配されていた。そのため、母や直子は八方に手を尽して私の消息を知るように努め、且つほんの些かでも手蔓《てづる》があれば、それにすがって救援の手をさしのべようとしていた。

この鈴木兵曹という人は鎮守府の人事部に勤務していたということであったが、私は勿論この時までその人の名前も知らなければ、どういう手蔓の知人かもまったく知らなかった。電話だと報らされて教員室へいってみると、七、八人も下士官が寄りかたまっていた。私は電話口で身体の具合などをたずねられたが、聞く耳が多いので何一つ満足な返事はできなかった。先方の質問に対して「はい」とか「そうであります」という返事ばかりしていたのが余程おかしかったとみえて、私は通話のすんだ後で「お前の電話はありゃなんだ」と下士官連中から嗤われた。しかし、新兵の私には、そういう雰囲気の中で何一つ応えられる筈がなかったのである。菊本君を通じて依頼しておいた冬ものの衣類を、直接分隊宛てに送ってはいけないと考えた留守宅の者が、鈴木兵曹気附で小包を発送したらしく、電話の主旨は近日中にそれを私の方へ回送するという用件であった。

なお、これは後日になってから知ったのだが、母と直子が伝手をもとめてこの鈴木兵曹の令兄を訪問したとき、菓子類などを沢山すすめられて、「これはみんな海軍で配給になったものです。弟が持って来たんですから、お宅の御子息も毎日こういうものを召上っているわけで、不自由は一つもなさっていませんよ」と言われたそうである。鎮守府あたりでは、実際にそういう状態であったのかも知れないが、海兵団の実情はヒドいものであった。訓練や作業の内容などについては日記に書きもらしている私も、所持金の現在高を絶えずはっきりさせて置かねばならぬ関係上、配給品だけは細大もらさず記入してあるのに、入団後からこの日までの三十六日間に私の受けた配給は、十月二日のほまれ二函とリンゴ一個だけである。こうした点にも、戦争末期の海軍の様相の一端が窺われるのではなかろうか。

十月二十日　金

雨やみ快晴。暖かし。撃沈破五七（空母一九）、未帰還機三一七。台湾沖航空戦と呼称。
入浴[*1]。俸給￥六・五〇入。ヨウカン[*2]1/5配給。

＊1　私たちは身体検査の折に下帯一本で裸足にされ、素肌へ上着を引掛けただけの姿で半日引き廻されたが、一一〇分隊は新兵分隊であるために、入浴の折にもまったくそれと同様の服装で、兵舎からかなり遠い浴場まで引率されていった。寒い日は辛か

った。

この浴場は、一名アヒル風呂とも呼ばれる。本当の浴槽は幅四メートル、長さ三〇メートルほどの長方形のものであって、その手前に幅は同じだが、ほぼ正方形にちかい小さな浴槽がもう一つあった。勿論、浴槽に手拭を浸すことは許されていないから、われわれはまず手拭の中へ石鹸函をくるみ込んで鉢巻にしてしまう。文字通り徒手空拳である。そういう姿で、小さな浴槽へドブンとつかって不浄の場所を大急ぎで洗うと、そこを出て二メートルほど先にある長方形の浴槽へ移って、身体を首の所までひたした中腰の体形のまま、ゆるい足取りで前へ前へと進んでいく。そうしなければ、次々に押しかけて来る入浴者がたまってしまうわけだが、何のことはない、小学校の運動会の障害物競走のようなものである。この場合どれほど湯が熱くても、浴槽の中途から上ってしまうことは許されない。三〇メートル先にある向う岸へ行き着くまでは中腰の体形を保ったまま、先へ先へと徐行しなければならない。そして、向う岸へ行き着いてしまえば、前の場合と反対に少々湯がぬるくて、もう少し温まっていたいと思っても上らなくてはいけない。

燃料は蒸気が使用されて、温度計で調節が取られていたらしく、湯加減は何時でも比較的良好であったが、それでも途中から上りたくなったり、もう少しつかっていたいという個人差はある筈だったのに、これは認められなかった。流し場に歯の高い駒下駄を履いた兵長級の兵隊が長い竹棹《たけざお》を持って看視していて、立ち停《どま》っている者を認めると、その棹の先でコツンと顔を叩いて前進をうながした。石鹸で身体を流してからもう一度浴槽につかることも認められていなかった。

われわれが上着と下帯だけで、靴も履かずに浴場へいったのは、盗難を避ける必要があったからである。私も別の分隊へ移ってからのちは、引率という形ではなく入浴するようになったが、自身の衣類の置いてある場所にたえず注意を配っていなければならないので、甚だ落着かぬ思いであった。殊《こと》に浴場の前までいって「十一分隊が入っているぞ」と他人から注意を受けた場合には、せっかくのチャンスを棄権して分隊まで戻って来てしまうか、少し時間を潰してから入るようにした。十一分隊というのは、軍刑務所から戻って来たメンバアによって構成されており、胸に附けている名札の書体が活字風の明朝《みんちょう》体になっていたので、誰にでも一目でそれとわかった。勿論、そういう人たちにしろ、全部が全部おなじような性情の所有者である筈はなかったが、何らかの事由によって前科をおかしたその連中は、階級も一ばん下までさげられており、何度罪をおかしてもそれ以下にさげられることはないという立場に置かれていただけに、われわれとしては恐ろしかった。殊に官品の帽子とか靴を失えば、その次にはこちらが同様の手段によらなければ補充がつかぬ立場にあったので、われわれが盗難の危険を避けることは、自身の罪を未然に防止する行為にも通じていたわけである。

＊2　前日の所で配給のことを書いたばかりだが、この日のヨウカンは一本を五人で分配した様子である。これは下附品で、無料配給らしい。

十月二十一日　土

雨のち曇。胃の工合やや悪し。食卓番。[*1] 甲板こすりをなす。[*2] 夜、ハンモックに入りてよりのち下痢。佐藤君のハガキ廻送受く。

＊1　食卓番というのは炊事当番でなく、食事当番の意味である。一班の人員は通常二十名内外であるが、その一班から毎日三名ずつ交替で出る。食卓番はその日の三度の食事の世話をするわけで、朝だけとか、夕飯だけというようなことはなかった。「補科止め」の五分前ぐらいに各班の食卓番だけが列外へ出て烹炊所に行き、飯と副食物と漬物とを運んで来て、皆が兵舎へ戻って来るまでに給仕して置く。烹炊所では、主食も副食も同形の食罐と称するアルミニウム製の飯櫃《めしびつ》に入れて、われわれが行くより先に用意してある。それを、こちらは棚からおろして分隊へ運んで来るわけだが、このとき、漬物は食罐の蓋を裏返しにして、副食の食罐の上に載せてある。この蓋をテンパという。副食は何時如何《いついか》なる場合でもかならず汁ものである。
食卓番はいそがしい。他人より先に食べおわって、大急ぎで跡片附けをしなくては

いけない。すこし遅くなった時など半分立ち上るか、汁をぶっかけて掻き込んでしまいたくなったが、この二つをやるとひどく怒られた。「馬じゃないんだから、坐って食え」と言われる。汁をかけなくても、われわれの食事は丸呑みにちかかった。

食事を済ませた後の食罐や食器は流し場の水道で洗ってから、食器は網の袋に入れ、食罐は吊り手の所を持って熱湯の中へ沈め、熱気消毒をする。そして、食罐だけを烹炊所の棚へ納めにいくわけだが、すこしでも飯粒の痕跡が残っていたり、濡れていたりすると大変である。われわれにとって主計兵は、自分等の班長より恐ろしい存在であった。彼等の怒りを買うと、次の食事が支給してもらえなくなるからである。私の食慾はこの頃からとみに衰えていたが、兵隊にとって飯ほど大切なものはない。班長はわれわれを叱りつけるとき、二言目には「飯を食わさないぞ」と言った。兵隊には、バッタアよりこの一言のほうが恐ろしかった。

ついでに書いておくが、食罐を水道で洗うとき、そこに附着している飯粒は流し場の隅に流されてたまる。一人一人が流す飯粒は僅かなものであっても、その合計は相当な量に達する。兵隊の中には、この残飯を両手にすくい取って、むさぼり喰っている者があった。不潔この上もない行為であったが、戦前には見られなかった光景であろう。戦争末期の軍隊では酒保が閉されていて、兵隊の空腹をみたすべき機関と機会はまったく失われていた。

＊2　デッキ掃除は毎日あったのに、ここで特に記入されているのは、この日の甲板掃除が特別キツかったのかもしれない。

十月二十五日（消印）佐藤晃一＊氏よりの書信。　発信地・武山海兵団第三十分隊第一班

御無沙汰いたしました。先月中旬貴兄横須賀へ御入団の御通知をいたゞき、丁度御宅宛に手紙を書きかけていましたのを中止、その後の御便りをお待ちしていましたが、早くも一月経過してしまいましたので、次第に不安が募り、お葉書差上げることにいたしました。横須賀から元気なお便りが来るかも知れない、いや、武山でお会いできるかも知れないなどいろいろなことを空想していましたが、胃潰瘍（だいぶんよくなっていたということでしたが）が悪化して入院でもしておいでなのではないかという不吉な考えがちらつき出したのです。何処にどうしておいでなのか。なるべく早くお元気な御返事がいたゞけるようにと祈りながらこれを出します。　匆々。

＊佐藤君はドイツ文学者で、現在は東大の独文科助教授。同人雑誌「作家精神」の同人としてずいぶん親しくしていて、私は佐藤君が自分より丁度半年前の三月十五日に応召した前の晩にも鷺《さぎ》ノ宮《みや》のお宅へ訪ねていって、かなり遅い時刻まで話し込んだ。もっともその日は、やはりこれも私が学生時代から親しくしていた友人の新島昇君（春

陽堂社員）の壮行会と日が重なって、佐藤君のお宅へ行き着くのが遅くなったせいもある。新島君は館山砲術学校から元気な便りをくれたきり、艦上勤務に移ったらしく消息が絶えてしまった。戦後、春陽堂その他を調べても不明。下谷《したや》の入谷《いりや》にあった家も焼失して、未亡人の行方もわからぬまま今日に至っている。戦死をしたことは確実である。

佐藤君にはこちらから返事を上げたいにも、その自由を奪われている身であった。したがって、私の留守宅宛てに配達された郵便物にはことごとく直子が返書を認《したた》め、この佐藤君と十返肇君の場合など、直子との間に幾度か書信の往復があった様子である。

十月二十二日　日

快晴。気温下る。米軍、比島レイテ湾に上陸す。

十月二十三日　月

朝、粥食[*1]をする。靖国神社祭日。午前九時より遥拝式。ビール[*2]配給あり。午後、野球[*3]試合見物。夜一時——二時、不寝番に立つ。

＊1　休業患者といえども、粥食の場合は自身で食器を持って烹炊所へ取りにいくことになっていたが、その時には軍医の捺印のある目板《めいた》票という伝票を持っていかねばならない。これは当然、全治になると同時に医務室へ返還せねばならぬものであったが、この日の私はおそらく前にもらってあった伝票を返さずに保存しておいて、下痢気味になったものだから自身で勝手に使用したのだと思う。

この時のことではなかったが、後に一度、私は異常な体験をした。目板票を添えた食器を差出して粥食を受取るのは、相互の顔だけしか見えないような小窓なのだが、「お願いします」と言って食器を窓口に差出すと、中から「お前一人か」という小声が聞えた。私は周囲を見廻したが、誰もいない。するとまた「中へ入れ」という声がする。その時にも、古い目板票を使っていたので、スネに傷をもつ私はひやッとした。観念して横手の入口へ廻っていくと、私はいま自分が窓口から差出したばかりの食器を、黙っていきなり眼の前へ突きつけられた。見ると、何だか透明な淡褐色の液体がなみなみと注いである。酒ではないらしい。海軍の食器は、液体なら三合ぐらい悠々と入るようなものである。茶碗というより丼である。相手の上等兵は私の顔を見ながら、薄笑みをたたえている。私は「いただきますッ」と元気よく言って飲みほした。ザラメを煮つめて作った砂糖水であった。甘いの何のと言って、お話のほかである。飲みほすと、相手は「もう一杯どうだ」と言う。私はすでに十二分に堪能していたので、「結構であります」と辞退したのだが、「遠慮するな」と言って、四斗樽《しとだる》からヒシャクで更にもう一杯注がれた。相手は上級兵である。勿論、私は飲んだ。二杯目はすこし苦痛であった。粥をもらって分隊へ戻った私は、その夜ひどい下痢をした。

あんなものを、あの兵隊はどうして見ず識らずの私などに飲ませてくれる気になったのであろうか。おそらく沢山つくり過ぎてしまって、棄てるのも惜しかったところから、たまたま窓口に行き合せた私によこす気になったものだろう。軍の物資はある部署ではかくのごとく濫費され、そのためにも一そう私たちの給与は粗悪なものになっていた。末期の軍隊はこういう面でも腐敗し切っていて、内部崩壊の一途をたどっていたのである。

＊2　ビール配給というだけで数量が記入されていないが、この場合も十月二十日のヨウカン1/5のようなものではなかったろうか。二十名ちかい一班に二本ぐらいのビールが配給される時には、まったく処置なしであった。一本はまず班長に譲ってしまう。そして、残りの一本を全員で等分に分配するのである。軍隊にはコップというような洒落たものはなく、不透明な金属製品の容器ばかりであるから、この作業は甚だしく困難をきわめる。私は一等兵に進級してから班務という役に就いたが、リンゴが五人に一個というような場合には、自分が棄権して二等兵に四等分させた。一等兵は上陸すれば外で何かしら食べる機会があるが、二等兵は引率外出をする時にも外食券

は貰えないからということを、私は口実にした。しかし、六人に一箇というような時には、そうもならない。また、自分だって食べたいという慾望は強い。みんなに自分の手許を穴のあくほどジッと凝視されながら、鉛筆けずりの小さなナイフで切っている時には、緊張のあまり泣きたいような思いになった。

＊3　戦時中、敵性遊戯の野球は目のカタキにされ、ストライクは「よし」、ボオルは「だめ」というふうに用語上の圧迫を受けたのち、遂《つい》には一切の試合を禁じられてしまったが、軍隊内部ではしばしば野球がたのしまれ、その用語にもセイフとかアウトというような、平時といささかも変らぬものが使用されていた。

十月二十四日　火

快晴にて暖かし。防空演習のため、夕食は乾パン[*1]とジャムなり。菓子[*2]配給さる、十銭。

夜、待避訓練。月明皎々たり。

＊1　応召前、私たちは、軍にはまだ日露戦争当時の乾パンが保存されているというような話を、聞くともなく耳にしていた。まさかそれほどではないまでも、仮にそういうものが存在したとすれば、この時われわれに支給されたものがそれに該当したのではなかろうか。どの一つを割ってもひどい青カビが生え、虫喰いだらけで、中にはそ

の虫が生命を保っているものもあった。ジャムだけは本物の苺ジャムで素晴らしいものであったから、私は指先で乾パンの虫を払いながら、そのジャムを附けて、夢中で嚥《の》み下した。気味は悪かったが、パン好きな私には久しぶりの美味であった。

＊2　配給される菓子は何時も大抵ビスケット類か、紅梅焼ふうの干菓子であったが、いずれも奈良の鹿に喰わせるセンベイのようなものだと思えば間違いがなかった。甘くも辛くもない。ウドン粉の臭いがあるだけで、ぜんぜん味がないのである。艦船や病院では虎屋のヨウカンなどが配給されるらしかったが、海兵団では品質まで劣等であった。私は今でもその菓子袋の一つを保存してあるが、日本の二大メエカアの一つであるM製菓の製品である。私はその紙袋を見て、あの会社も下落したものだなと考えさせられた。そして、一麦も配給でこんなものを食べさせられているのかなと、息子のことを思い出したりした。

十月二十五日　水

待避のため午前三時起床。行軍[＊1]にて三笠艦見学後、集会所[＊2]に至る。夜、下痢ひどし。

＊1　入団後はじめて外出したわけである。三笠艦は日本海海戦で東郷元帥の乗っていた旗艦だが、それが公園のような場所で見世物になっていた。戦後も水上公園だか、

遊園地だかになっている。此処でわれわれは二時間ぐらい休息して、十時半ごろ集会所へ到着した。一一〇分隊は病人分隊で、この行軍は保健行軍と呼ばれているものであったから、すこしもキツくなかった。しかし、われわれは第一種軍装で小銃を担い、腰には剣を着けて、両方の肩にはX字形に水筒と雑囊《ざつのう》とを掛けていた。

＊2　この「集会所」という三字には特に括弧が附されているばかりでなく、御叮嚀《ていねい》にもブル罫《けい》のアンダア・ラインまで施されている。父と母と直子が一麦を連れて来て、面会できた印である。

海軍というのは、まったく奇妙な所であった。われわれが正規の面会を許可されていなかったことについては前にも記したが、この時にも、三笠艦の見学を済ませてから行軍が集会所の傍へ近づいていくと、引率の下士官から「面会人の来ている者は左側の列の者に代ってもらえ」という注意があった。私も早速その指示にしたがったために、集会所の外の道路に立って、一麦を抱いていた直子の姿を自分のほうから先に見附けることができたが、この例でもわかるように、なんとかやりくりをつけて連絡を取ってしまえば、こちらの勝なのである。面会の現場を見附けられても文句は出なかった。典型的な公然の秘密というべきであろう。

しかし、その連絡を取る方法は容易でなかった。むしろ至難の業であった。上陸の日時を報らせるためには秘密の通信による以外になかったが、われわれには外出の機会がなかった。たまたま外出をしても、郵便を投函している現場など発見されようものなら、軍機保護法違反である。私信の発送には細心の注意と不断の努力とを必要とした。

この日、私が家族との面会に成功したのは、たぶん九月一日入団だったと思うが、一一〇分隊に入って最初に私が所属した班に、打木茂君という横浜の専門学校出身の人がいた。私が軍隊生活の間に一ばん親しくしたのは、この人と後出の小林政夫君という二人だけであった。私はこの数日前、その打木君に私信の投函を託したのであった。

その時の書信の文面は、この註釈のすぐ後に掲載して置くが、海軍には「半舷上陸」という言葉がある。右舷が上陸する日には左舷が、左舷が上陸する日には右舷が居住区に残留することになっていて、この時分、私と打木君とはたぶん反対舷になっていたのだと思う。十月四日に「降雨を衝いて行軍あれど、休業のため兵舎に残る」と私は記入しているが、それから計算すると、私の舷には二十五日ぶりに上陸の機会が廻って来たことになるから、おそらく打木君の舷には、丁度その中間にあたる十一日か十二日あたりに上陸日が廻って来ていて、母堂との面会の手筈がついていたのだろう。私はそのとき、打木君から「今日は母が来ることになっているから、君の手紙を出させて上げるよ」というようなことを言われて、大急ぎで後出の手紙を書いたのだと思う。

その拙便に続いて掲載して置く父宛ての長谷川智恵子氏の書信は、右の場合と反対に、今度は私が自分と同班の長谷川早苗君から依頼されるままに、この日面会に来た父を通じて留守宅へ連絡して上げた折の礼状である。智恵子夫人の書信そのものに記録性はないが、面会の至難さと、われわれが発信にはどれほど不自由をしていたか、そういう事実の傍証として引例しておく。長谷川君は十月十五日に入団したばかりの「若い兵隊」であったから、まだ一通も家庭通信を出す機会が与えられていなかったのである。なお、この場合の「若い兵隊」というのは年齢に関係なく、自分より入団月日の遅い者に対する呼称である。私なども先任の十五、六歳の少年から「若い兵隊」と呼ばれていたわけであった。

兵隊が家族に逢いたいという執着は、異常なまでの強さを示す。脱走兵の心理には、軍隊生活の苛酷さに耐えられないという要素も多分に含まれていることは事実だが、家族というものの牽引力も大きな割合を占めていたのではなかろうか。戦後、ソ連や中国からの引揚者の報道写真によって、われわれは親子か夫婦が相擁して泣いている場面にしばしば接した。あれは何年ぶりというような場合でもあり、その間における両者の嘗《な》めた労苦の蓄積が爆発点に達する以上、無理もない話だが、この日の私の面会などたった四十一日目でしかなかったのに、私は母の顔を見ると、どうにも涙をおさえかねてしまった。我ながら意気地のない話であったが、私も「母子相擁して」感泣してしまったのである。ともかく母とか妻とか、女はいけない。

が、しかし、それは必ずしも私一人の特殊な現象ではなかった。大抵の兵隊が最初の面会の時には、この状態になる。現に私の周囲にも、その時、この光景は幾場面か繰りひろげられていたのである。

この日われわれが再び集合を命じられたのは五時ちかくになってからであったが、解散になったのは午前の十時半ごろであるから、家族とはずいぶん長く話ができたわけである。もっとも解散とは言っても、引率外出である以上、当然われわれは集会所の構外へ出ることは禁じられていた。ところが、いざ集合になって人員点呼がおこなわれてみると、どうしても一名だけ不足している。つまり、脱走兵が出てしまったのである。この脱走の動機も、他人の所へ面会人が来ている光景を目撃して、刺戟されたものではなかったであろうか。教班長は蒼くなって建物の隅隅まで探しまわっていたが、結局、下士官と兵長が二、三人だけのこって捜索を続けることになり、われわれは先に帰団した。

脱走兵は私とは別の班の所属であったが、その夜、私たちが総員罰直を受けたことは言うまでもない。その日外出をせずに居住区に残留していた兵隊も、残らずバッタアの洗礼を受けた。総員罰直とはそういうものであった。

日附不詳、打木とり氏を通じて拙宅宛に郵送した拙便。

発信者・横浜市南区平楽《へいらく》二三　打木とり氏

宛名*「東京都淀橋区戸塚町一丁目四六〇、平井直子」

三日ばかり以前、人にハガキを頼みましたが、着かないといけないので、大急ぎで追信をします。菊本秀夫さんが訪ねてお聞きのことと思いますが、横須賀の集会所というところへ月に二回外出がある折を利用して、会いたいと思います。その予定日がこの十八日の筈でしたが、急に予定が変更になり、二十五日になりました。当方の到着時間は、午前九時ごろから正午までの間と思いますが、当日、集会所の門の前で待っていてもらえれば、こちらから見附けるように致したいと思います。タバコ、食べ物（マンジュウは欲しい、すしはあまり欲しくありません）冬物の肌着、シガレットケース、オゾ、ジャケツのチョッキ、洗面具入れを御持参ください。なおその他は会っていろいろ話します。

＊「宛名」と書いて、その下に直子の住所氏名が書き入れてあるのは、打木とり氏を通じて発信が依頼されたためである。この便箋の裏側には「母上様。茂」という、打木君の鉛筆で封筒に入れて表記アテナの処へ至急出してやって下さい。この手紙、そのま

筆の走り書きの文字が見られる。封筒には五銭一枚、一銭二枚、計三枚の切手が貼附されてあり、消印は二個みとめられるが、日附は何としても判読できない。

十一月三日附、長谷川智恵子氏より父宛の書信。

発信地・胆振《いぶり》国伊達町網代町二〇

御はじめてお便り申上ます。

先日は長谷川につきましてくわしく御書面を頂き誠に有がとう存じました。お召にあずかりましてからは無事入隊して下さる様祈っておりましたが、此の度のお知せをいたゞき、お蔭様にて安心致しました。

*お言葉に従い便りが参りますまでは必ず守ります。どうぞ御安心下さいますよう。長谷川も何処も知った処も御座いませんものですから、本当に何かと御世話様に相成る事では御座居ましょうが、よろしくお願い申上ます。私も参上致し御礼申上げなければなりませんが、小さい二人の子供をかゝえ中々出向く事も出来ません故、書面を持ちまして厚く御礼申上ます。

長谷川も弱い様に見えますが今まで病気も致しました事もなく働いておりましたので、たいした心配も致しておりませんが、どうぞ丈夫で御奉公をして下さる様にと思い居ります。

まだ便りは御座いませんが、お近くです故、もし又お逢い下さる様な事が御座いましたなら、発ちましてより二日おくれて、八日附を持って通信書記になりました事をお伝え願い度く存じます。

先日お手紙を頂戴致しましてより、いそぎ自分で造りましたもので、あまり粗品では御座いますが、どうぞ心ばかりのものお召上り下さいます様、何もめずらしくも御座いませんでしょうが、伊達の魚も一度おあがりになって下さいます様、こんなくだらぬものを造っていて御礼もおそくなり申訳御座いません。

先は日一日とお寒くなります折柄御身お大切に遊ばして下さいませ。

末筆では御座いますが、平井様にもくれぐれもおよろしく申上て下さい。

乱筆ながら御礼のみにて。

＊「お言葉に従い便りが参りますまでは必ず守ります。」というのは、父が長谷川君から正規の家庭通信が着くまで、夫人のほうから海兵団宛て手紙を出さぬように注意して置いたからであろう。そうしないと、長谷川君が分隊でとんでもない目に遭うことは必定であった。
なお、この書簡によって智恵子夫人が父の許へヒモノか何かを郵送してくださったことが分るが、大変失礼な言い方ながら、夫人としては御主人の消息を報らせてもらったという感謝の念のほかにも、長谷川君が先任の私に世話になるだろうという心も

含まれていたのではなかったであろうか。仮に私の家内が智恵子夫人と立場を逆にしていれば、やはりそういうことをしていただろうと思う。しかし海軍では、そんな心遣いをすることはほとんどナンセンスであった。海軍ではまことに移動が激しく、それも間引き移動で、分隊員は常に四分五裂の運命を負わされていたから、陸軍のように同じ部隊に属する兵隊同士の親しさ——戦友意識などというものは、生じる余地がなかった。現に私がこの智恵子夫人の書簡を家族の者から手渡された時分には、すでに私と長谷川君とは所属が別になっていて、それきり応召中には別れ別れになってしまったのである。

私は復員後も、長谷川君とは二度と顔を合せることなどあるまいと考えていた。しかし、ものがたい長谷川君は戦後の二十二年二月、北海道から上京した折にひょっこり拙宅を訪ねてくれた。この長谷川君のほかにも、やはり復員後になってから前記の小林政夫君と、入団当時八兵舎で同班にいた伊藤平治郎君の二人が訪ねて来てくれたが、これらは全く特殊なケエスであって、一般の兵隊同士の間には、もっと遥かに冷たいものしか流れていなかった。当の長谷川君にしろ、私以外にいくにん訪ねたいと考えた相手があっただろうか。長谷川君からの最近の便りによれば、苫小牧《とまこまい》に近い白老町《しらおいちょう》で郵便局長をしておられるとのことである。

☆私が自身の上陸の折に、家族の手を通じて他人の留守宅への連絡を依頼される回数は、時を逐《お》うにしたがって増していった。直子など、そういう私の命を受けて、見ず識らずの人宛てに相当多数の手紙を書いているわけである。聞いてみると、直子はたまたま集会所で行き遭った兵隊ばかりでなく、横須賀線の車中などでもいきなりその種の依頼を受けて、家に戻ってから秘密の代筆をさせられたことが幾度となくあった由である。

どの機会であったか、日記を調べてみても氏名、日時ともに不明で残念だが、私は十一月二十九日に一一〇分隊から一〇〇分隊へ移った。その分隊にいた時のことだが、ある日、私の分隊の隣の居住区へ夜になってから百五十人ばかりの兵隊が何処かからドヤドヤと帰って来て、四日ほど後にまたいなくなってしまった。四分隊であったと思う。その期間中にたまたま私は上陸の許可を与えられたことがあって、第一種軍装に着換えていると、傍に寄って来た一人の兵隊がそっと「きんし」を二函さし出してよこしながら、私が家族と面会するようだったら、自分の留守宅へ連絡してもらえないだろうかと言った。この時にも私は直子にその人の伝言を伝えて帰宅後に代筆をさせたが、その内容は翌々日硫黄島へ行くことになって、面会はできなくなったという気の毒なものであった。私は勿論、煙草など受取らなかった。自分のほうは今日面会人が持ってくる筈だから、あんたが船の中でのみなさいと言って、逆にこちらから一函進呈した。その人は浦和の花屋さんであった筈だ。子供さんも四人ほどあったと記憶するが、輸送船が途中で沈没していなければ、硫黄島で戦死した一人だろうと思う。海軍ではこんな場合にも、絶対に面会は許可されない。むろん家庭通信など許可されるわけもなかった。

その連中の出発はまだ夜の明けきらぬうちのことであったが、われわれの分隊が兵舎の外に出て「帽振れ」で見送った。われわれが行進の両側に立って帽子を振りながら「元気で行ってこいよ」と声を掛けると、「おう、有難う」と口々に返事をしながら、その連中は重そうな衣嚢を背負って、しめやかに暁闇の中へ姿を消していった。

十月二十六日　木

快晴。暖かし。朝人事部より小包[*1]届く。衣類、タバコ等なり。カッタア[*2]実習。比島方面に於て又々戦果あがる。下痢少々。

＊1　前に電話を掛けてくれた鎮守府人事部の鈴木兵曹が回送してくれたわけである。小包は教員室で一たん開封したものを渡されたが、取上げられたものはなかった。

＊2　私は慶応普通部在学当時、六人乗り固定席のボオトを漕ぐために、しばしば隅田川へ通った。したがって、ボオトの漕法には一応の経験を積み、ある程度の自信も持

っていた。その頃から私はバウ・サイドが苦手《にて》だったので、この時にもいち早くストロオク・サイドに着いたが、如何に無骨な固定席の短艇といえども、このカッタアとはまるきり概念が違っていた。オールを持った私は、自分が電信柱に抱きついているのではないかと錯覚した。生意気なことを言うようだが、私でさえそういう驚歎の念を禁じられなかったくらいなのだから、他の連中にカッタアが漕げるわけなどはなかった。

崖壁に横づけになったとき舳《へさき》を破損させぬために、一人が先に陸へ揚がって舷側へそれを引掛け、艇の方向を転換させるために使用する爪竿という道具がある。竹竿の先端に爪のような金属が取りつけられてあるのだが、われわれは、その爪竿で頭をコツンコツン殴られながら懸命にオールを引いたが、艇は二時間以上も波の間に間に漂い続けただけで、目的地の猿島《さるしま》などへは到底行き着けるわけがなく、すごすごと引返して来た。これが、私たち「海軍の兵隊」の姿であった。第二国民兵の体力は、その程度のものでしかなかった。

十月二十七日　金

朝、雨のち晴。午後よりまた雨。

比島方面の艦隊捷報《しょうほう》続々到る。午前中、執銃訓練。[*1]タバコ配給。ほまれ二個、[*2]きんし三個、計八十六銭。

＊1　海軍では執銃訓練を陸戦講習とよぶ。

＊2　ほまれ二個は十四銭であるから、きんし一箇のこの当時の定価は二十四銭になる。

十月二十八日　土

比島レイテ湾の捷報続々いたり、撃沈破艦船一〇七隻にのぼる。徒手訓練。風邪気味にて苦しけれど、二時――三時不寝番に立つ。郵便投函ゆるされ[*]文報と母に。

＊文報は文学報国会。即ち、岡田、徳田両氏宛てに郵便を出した意である。

十月二十九日　日

快晴。朝、下痢。風邪気去らねど元気なり。野球試合ありたれど兵舎に残る。

十月三十日　月

雨。[*1]午前中八兵舎に於て精神講話。午後、[*2]痔の手術にて死亡せる鈴木実君の遺骨見送りのため[*3]横病に行く。

＊1　雨の日は屋外訓練を中止して坐学がおこなわれた。
＊2　入団の合格、不合格を決定する身体検査の折、私も脱肛を訴えて「よし、軍隊で直してやる」と言われたが、この鈴木君など、そうした犠牲者の一人である。
＊3　横須賀海軍病院の略称。位置としては団内の病室と塀ひとつへだてた隣りにあったが、一たん団門を通過せねばならなかったので、横病へ行くためには団外へ出ることになった。

十月三十一日　火
朝、雨。分隊士より勅諭講義。午後、執銃訓練。

十一月一日　水
快晴。午前、被服庫[*1]へ作業に行く。午後、屋上にてシラミ取り[*2]の作業をせんとするところ空襲（十二時半）、夜十時再び空襲。

＊1　このあと八日の項には「被服廠」という文字が出てくるから、この場合も或は被服庫ではなく、被服廠であったかも知れない。そうだとすれば、それは団外にあって、

私には岸壁に横づけされていた艀船《はしけ》に軍服であったか下着であったか、ともかく衣類を積み込んだという記憶がのこされている。われわれはトラックに乗っていった。むろん分隊の全員でいくわけはなく、作業員として狩り出されたのだが、こういう作業はどれほど骨が折れても志望者が多い。団外へ出ることは兵隊にとって喜ばれていたというより、団内にいることは重苦しくてならなかった。

＊2　シラミは私も入団後五日目ぐらいからもらっていた。私は後に「平井冨士男じゃなくて、シラミ冨士男だ」と班長から言われるほど沢山もらってしまったが、ＤＤＴなどという薬品を持たなかった日本の軍隊では、衣類を清潔にすることと、熱気消毒以外の対抗策は皆無であった。この日のことは、たまたま最初の空襲と重なったので鮮明に記憶しているが、私は綱をほどいて屋上いっぱいに天日干しされてあった釣床を、九月一日入団の秋山二機と二人で盗難予防の見張番につかされていたのである。シラミはすでに、猛烈な勢いで団内の各兵舎に猖獗《しょうけつ》していた。

空襲の時刻は十二時半と記入されているから、釣床が午食後に屋上へ運び上げられてからでは、まだ幾らも経っていないうちのことである。初空襲のため、対空看視の連中もよほど不意を衝かれたものとみえて、警報が吹鳴されたのは、むしろ敵機の爆音が聞えてから後のことではなかったかと思われるような、その時の状態であった。

十二月十八日の項をみると「敵機の飛ぶを初めて見る」とあるので、今はその記録の方を尊重するよりほかはないが、どうも私はこのとき、ほんのチラリとではあるが、敵機の姿を自身の視野の端に入れたような気がしてならない。碧《あお》い空が高く澄んだ日で、その碧さの中に、銀色というよりは半透明の白さをもつ、機影を認めたような印象がのこっているのである。しかし記録はどこまでも尊重せねばならないので、やはり私は二度目の経験と混同しているのだと、今は考えておくことにする。

私は頭上に敵機の爆音と対空砲火の音を聞きながら、秋山二機と二人で満身の力を振りしぼって、屋上一ぱいにひろげられてあった釣床を、夢中になって次々と階段の踊り場へ投げ込んだ。見張当番である以上、どれほど危険をおかしても責任だけは果さねばならないと考えていたからである。そのうちに分隊の全員が階段を駆け上って来て、ようやく釣床は残らず屋内へ運び込まれ、私たちも防空壕へ待避することができた。釣床はただ屋内へ投げ込まれただけで、括っている暇もなかったことは勿論である。大変な騒ぎであった。

なお、防空壕については、前にもちょっと触れておいたが、昭和三十年八月十七日発行『アサヒグラフ』（特集・この十年）所載の記事によって、その巨大な規模の一端を伝えておく。

「かつての横須賀鎮守府ならびに司令部が使用した防空壕は、昭和一七年から掘り始め終戦まで継続、本土決戦にそなえたもの。いまは米海軍横須賀基地及び米極東海軍司令部が使用。基地の広さ二・四平方キロのいたるところに幅約二メートル半、高さ三メートルの防空壕の出入口が見える。延長約九キロ、五万人を収容、戦争のときは自家発電、壕内で戦傷者、病人の手術もできるようになっている。」

十一月二日　木

食卓番。曇。五時起床[*]。午前と午後、徒手訓練。昨日の警報はB29少数帝都を襲いしものという。被害なき模様。二十一時四十分ふたたび警報。三十分ほどにて解除。みかん配給。入浴。一時――二時、不寝番。

*特に「五時起床」とことわってあるところからみて、既に六時起床の冬日課に入っていたのであろう。冬日課は十一月一日からであったと思う。

十一月四日　土

快晴。午前、結索[*1]訓練を舎内にて行う。午後、舎内にて執銃[*2]訓練中本部に呼ばれ、鍵和田[*3]氏の面会を受く。夜、厠番[*4]に立つ。

*1　綱の結び方を教育された。艦艇ではさまざまな綱を使用する機会が多い。これは

海軍では重要な知識である。
＊2　三八式小銃の構造や分解を教育されていたのであろう。「本部」というのは分隊の本部でなく、海兵団の本部の意味である。三兵舎の近くに大きな格納庫があった。本部はその横手にあった貧弱な木造の建築物で、私はその階下にあった応接間で鍵和田氏と面会した。
＊3　直子には「まえがき」に書いた弟妹のほかに七五三子《しめこ》という実姉があって、古沢一郎（現在、静岡女子短大の教職にある）に嫁し、この当時、古沢の郷里である沼津に在住した。古沢は東大哲学科出身で、井上靖氏とは沼津の中学で同級、井上氏も、その家には幾度か遊びにいったことがあった由である。七五三子と直子の二人は未婚時代ツヅレ織に趣味を持って、文展無鑑査の工芸家、遠藤虚籟《きょらい》氏に師事していた。遠藤氏のお宅は目黒区にあったが、鍵和田専太郎氏はその隣家に居住しておられた退役の海軍将官で、もう随分の御高齢であった。退役でも軍人ならば、一般人の立ち入りを禁じていた海兵団に入ることが許可されたので、私の身を案じた直子が鍵和田氏の御足労をわずらわしたわけであった。鍵和田氏はこの時にもたぶん薬品や煙草を届けて下さったのではなかったかと思う。
＊4　海軍では後架のことを厠《かわや》と呼ぶが、何にしろ多数の兵隊が使用するので汚れが早い。したがって、掃除はかならず毎夜、各班が交替でおこなうことになっていた。赤

いレンガの破片を手づかみにして便器にたまるカスを磨き落し、水を流してから床まで雑巾がけをするのだが、この場合の「厠番」というのは、その掃除番に当ったことを意味するのではない。幾人かで掃除をした中から、一人だけ「厠番」というものが任命されるのである。

巡検は紅い提灯、またはランタアンを提げた下士官を先導として、紅白の縦縞のタスキをケサ掛けにした当直将校が廻って来るのだが、三兵舎の三階にあった私たちの居住区に例を取って言えば、二階を通過した巡検が階段を上って来ると、まずそこの踊り場——即ち居住区の入口に立っている不寝番が、大声で「第一一〇分隊ッ」と叫ぶように言う。巡検は居住区の中央の通路を歩いて次の居住区へ入って行くわけだが、通路の外れに厠がある。厠番はその前に立っていて、自分の前に巡検が来たとき、大声で「第一一〇分隊厠ッ」と呼称する。それから間もなく、今度は分隊の当直下士官が出て来て「巡検終りッ」と言う。これで厠番は解放され、一たん釣床へもぐっていた兵隊も起き出て来て、また厠を使用することが許される。つまり厠番は巡検にむかって厠が掃除してあるということを報告するわけで、雑巾がけが悪く、床に水がたまっていたりすれば叱責を受けるわけである。

なお一一〇分隊は新兵分隊であるから、巡検が終っても何のことはなかったが、これが他の分隊だと「巡検終り、煙草盆出せ」という号令になる。すると、釣床に入っていた兵隊がむくむく起き出して来て煙草をすいはじめる。夏など、兵隊は大てい下帯とシャツだけで寝ているから、そういう風体の兵隊が、暗幕をおろした薄暗がりの中で幾人も煙草盆の周囲を取巻いている姿はグロテスクであった。

この煙草盆というのは、大てい何処のものも同じような構造であったが、縦八〇センチ、横四〇センチ、深さ一〇センチくらいの木の箱の内側にトタン板が張ってあって、其処《そこ》へ吸殻を棄てるようになっていた。屋内の場合は居住区の外れなどにこれが置かれたが、屋外の場合も煙草盆そのものの構造は同じで、それが常置されている場所のことも煙草盆と言った。「煙草盆で誰某に会った」というような用語法が存在したわけである。

入団当時から煙草の配給は乏しかったが、後になるほど配給は更に少なくなっていったから、この煙草盆では浅ましい光景が演じられるようになった。「煙草盆出せ」になると、煙草を持っていない兵隊はなるべく早く煙草盆のへりへ行って、カブリツキともいうべき場所にしゃがんでいる。すると、一本の煙草を吸い終った者が吸殻を煙草盆の中へ棄てる。勿論、ずいぶん短くなったヤツである。これを素早く拾って、キセルでふかすというようなことをした。私なども何度かやったことがある。一度に何本かの手が出るので、手の甲を引っ掻かれたり、指先に火傷を負ったりする。暗い思い出である。

十一月五日　日

曇。午前十時半空襲警報。直ちに待避。正午解除。房総（勝浦）空襲の由。

十一月六日　月

晴。午前十時空襲警報にて一時間余待避。午後八時、兵舎にて精神教育。南方各地に小戦果続々。夜の特別ニュウスにて潜艦米本土砲撃の由を知る。来信、午後、母、佐藤、山口君より。夜、父より。

十一月四日（消印）佐藤晃一氏よりの書信。　発信地・前便と同じ

九月中旬入団の御通知を受取ったまま、いずれお便りがあることとお待ちしていましたが、いつまで待っても様子が知れませんので、戸塚町宛にお尋ねしたところ、二十六日附で奥様の御返事が今日着きました。一一〇においでの由、私もそこに九日間いましたから御事情はほゞ想像がつきます。何よりも不安に思われますのは、やはり御健康のことですが、御家族にも具体的なことが書けない御事情でしょうから、随分お苦しみの折もあろうと考えます。どうぞ不断に気を張りつめて今の環境に耐えてください。私も最初は始終ナニクソと心の中で叫んでいたものです。通信が月に二回しか許されないと

は残念ですが、その代り私の方からは度々出すことにいたしましょう。どういう準備をして御入団になったか、今日早速奥様にお尋ねしてみます。高梨*（九鬼）君は北支に行ったらしいとのこと。近くにおいでのことをうれしく思います。

＊佐藤君や私と同様、やはり「作家精神」の同人であった。

十一月一日附、山口年臣《としおみ》氏よりの書信。　発信地・横須賀市逗子《ずし》一一〇一

拝啓、元気ですか。兄の応召の際にはもっとゆっくり会い度《た》かったが、失礼しました。本日、奥様より手紙が来て、全集*1、単行本の類を買い置くように頼まれました。できるだけ買っておきますが、御承知のように、用紙の配給は前、今期殆《ほとん》ど〇《ゼロ》封度の状態で、全集類等はまるで出ません。今月十五日頃までに女房、子供を僕の田舎へ疎開させます。独り暮しをやるつもりです。成田*2は矢張り病気で、信州の野尻湖畔に居ます。尚、中久*3保は横須賀海軍病院第四分隊四〇班です。　匆々

＊1　応召前、私は「本の虫」であった。自分が軍隊から生還できるという自信を持っていたわけではなかったが、それとは切りはなして、応召中も書物のことが気にかかって仕方がなかったので、直子宛ての手紙か面会の折かに、山口君に書物の購入をお

願いするよう言いつけたのであったろう。山口君は戦争中もずっと出版社に勤務していたので、こういうことを依頼するには最適任者であった。

＊2　成田穣君は文化学院で山口君と同級。私とは「現実・文学」「文学青年」という同人雑誌の仲間であった。卒業後、読売新聞に入社して仏印に特派され、開戦と同時にマレエ半島を自転車で縦断してジョホオル一番乗りに成功し、飛行機で還って日本全国を講演して歩いた。そのルポルタアジュは「中央公論」に掲載された。

＊3　中久保君も山口、成田両君と文化学院の同級。やはり、同人雑誌の仲間であった。

十一月七日　火

午前、徒手教練。午、豊田氏より来信。ハガキ二通許され、母と実教＊に書く。一時二十分警報。待避壕に入る。晴。

＊前日の父からの書信に、応召後も俸給が届いているから応召前の勤務先であった実業教科書株式会社へ礼状を出せという指示があったので、貴重な二通のうちの一通をそれに宛てた。友人には申訳ないと思いながら、容易に通信の機会がつかめなかった。

十一月四日附、豊田三郎氏よりの書信。

御無沙汰しました。貴兄を見送って間もなく拙宅では女房が十五年前の胸の古傷が再発して寝こまれ、小生は家事やら勤め[*]やら原稿やらでほゞ三人前の仕事に毎日責め立てられ、寸暇もない有様で実に参りました。苦しくなればなるで闘志もわき、それほど厭でもありませんが、長くなりそうなので小生も倒れてしまいはしないかと心配です。あるいは勤めのほうはやめるようになるかもしれません。女の児は女房の実家に預けましたが、どうも内も外も戦争です。奥さんにも二、三度逢いました。どうか御元気で頼みます。

*豊田氏も岡田、徳田両氏とともに文学報国会に勤務していた。「女の児」は森村桂《かつら》氏。

十一月八日　水

曇天。底冷えははなはだし。午前、被服廠に作業に行く。午後より降雨。チリ紙配給、十六銭。午後、兵舎にて[*1]罐《かま》に関する学課。夕食後より[*2]第一〇四分隊長室当番となる。不寝番八時——九時。

*1「罐」というのは、艦艇のボイラアの意味である。これは機関科の学課だが、そう言えばこの分隊でも、次に移っていった一〇〇分隊でも、班長のほとんど悉くが機

関科の下士官であった。ということは、つまり彼等の乗る艦艇が、日本海軍にはこの頃から次第に失われていたことを意味していたわけであろう。

＊2　一〇四分隊というのは、私たちの分隊とはまったく無関係で、八兵舎にあった。私をそこの分隊長の個室へ掃除に通うように世話してくれたのは、前記の打木茂君である。打木君はなかなか顔の広い人で、どういう縁故があったのか、一〇四分隊の事務室にも知人をもっていて、この分隊長室へは前から通っていたらしい。

自分の分隊を脱け出て、夕食後からこの分隊へ掃除に行っていると、事務室で煙草をふかすこともできたし、バッタアの厄からも逃れることができた。そういう役得があったので、私は何も訊かずに黙って打木君の好意にしたがった。私はこの使役に出ることを、自分の班長にだけはことわって置かねばならないと思ったが、打木君が「いいよ、いいよ」というので、毎日脱け出して其処へ行っていた。床に雑巾がけをするだけのことであったし、部屋の主とも顔を合せることがなかったので、気楽な作業であった。テーブルの上に一升壜が三、四本置いてあったことには、私も室へ入るなり気がついていたが、「すげえだろう」と言いながら、打木君が置戸棚の扉を開いてくれたのを見て、私はキモをつぶした。「ひかり」の函が百個ちかくも入っていたのである。打木君の話では、分隊長のような士官級には菓子なども潤沢に配給されているということであった。寝台は毛布で覆われていたが、その端をめくってみると、枕許にはなるほど菓子屑が一ぱい散乱していた。

あさましいことを書いたついでに触れて置くが、烹炊所も士官とわれわれとでは別になっていて、士官食の烹炊所の前を通っただけで、彼等がわれわれとはケタ違いの食事をしていることが、その臭いだけでわかった。

十一月九日　木

晴。暖かし。午前、舎内にて航海術の講義。午後、*一〇七分隊の片附作業及び銃器手入作業に行く。入浴あれど風邪のためやめる。

*この分隊であったかどうか正確ではないが、三兵舎の一階にいた連中が寒い季節になってから、半袖半ズボンという防暑服を支給されて、慄《ふる》えていたのを見たことがある。私にはその跡かたづけにいった記憶があるが、それがこの時であったような気がする。南方へ出動したわけである。

十一月十日　金

午前、潜水艦。午後、魚雷についての講義あり。曇。元気な者のみ四十名えらばれて執銃行軍あれど、兵舎にのこる。

十一月十一日　土
朝、洗濯*。曇天なり。新聞の掲示なく、読み手もなければ報道を知り得ず。

＊洗濯も、許可なく自分勝手にするわけにはいかなかった。皆で一度に洗濯をして兵舎の屋上へ乾すと、盗難予防の番兵が見張っているわけである。洗濯場は八兵舎裏の屋外にあって、流し場で裸足になって水使いをするため、寒い季節には足の先がちぎれそうになる。なぜ立流し式の構造を取らないのか不思議のようであったが、艦上勤務の場合、デッキ掃除は海水を流して置いて、そこを裸足で拭くのだから、この流し場もそれに準じたものであろう。

十一月十二日　日
曇天。気温さがる。午後、格納庫にて映画（ニュウス、マンガ、兵六夢物語）見物。桂林完全占領。

十一月十三日　月
晴。汪精衛氏逝去。下痢ひどし。ビール二本、リンゴ、十二銭配給。三食粥食*。

*私はこの頃まで、まだ例の目板票を持っていたわけだが、それにしても、よくそんな古い目板票を出して烹炊所が粥をくれたものだと思う。

十一月十三日附、黒坂土《つち》氏[*1]に寄託せる母よりの書信。

拝啓。昨日御たより有りがとう。母も安心致しました。今は御国のためと思い、国民皆が心をあわせて一所けんめいにはたらかなければならない時と存じます。姉も一子も戸塚でも、此の母も、あなたの丈夫をいのりながら、其日々々をたのしく、家中がなかよくやって居ります。

黒坂様は元広田の兄さん[*2]の所におつとめの方だそうです。何事もおねがい申上ておきますから、いろいろ用事の時御たのみなさい。

拾五日にはまいりお目にかかります。たのしみに致して居ります。此のクスリ[*3]を一日一ッぐらい御上りなさい。

十三日　　母より

*1　煙草盆は、兵隊にとっての社交場である。私はそこで或るとき、偶然、自分の分隊の若林良平君という人が、私の遠縁にあたる広田栄吉の経営する大興電機の従業員

であることを知った。大興電機は沖電気の下請けをしていて、この時分すでに、蒲田にあった工場は栃木県塩谷《しおや》郡矢板町に疎開していた。私にはじめて黒坂氏の名を教えてくれたのはこの矢板工場に働いていた若林君であったが、黒坂氏ももと大興電機の従業員で、海兵団に応召で来ていた、工作科の二等兵曹であった。

私はその後も、黒坂兵曹には書信の投函その他一方ならぬお世話を受けてしまったが、母の文面からみると、どうも私が黒坂兵曹と逢ったのはこの時が最初のようである。この手紙は、母が黒坂兵曹の横須賀の下宿を訪ねて、私宛てに寄託してよこしたものであった。封筒には「冨士男どの、母より」とあるだけである。

＊2 私の親戚間では自分より年長の者をすべて兄さん、姉さんと呼ぶ風習で、この場合の「広田の兄さん」は母の従妹の連れ合いにあたる広田貫一のことを指している。大興電機の社長はこの貫一の甥で、貫一もその社の重役席についていた。

＊3 このクスリというのが分らなかったところ、十一月二十四日附、直子の手紙で「カフエル錠」と判明した。「鉄砲玉」という名称のアメ玉ぐらいの大きさの糖衣錠で、当時の私には非常に美味に感じられた。母も菓子代りによこしたのではなかったかと思う。薬品なら、分隊の居住区でも或る程度まで大びらに口に入れていられるので、私はまたこれを送ってくれと留守宅に請求したものらしい。後出の直子の書信は、その請求に対する返書である。

私が保健分隊に編入されたのは二十年六月のことであったが、酒保を閉され、間食というものをまったく断たれていたその分隊の兵隊たちは、上陸の度ごとにヴィタミンB系の酵母剤を二壜も三壜も買い込んで来ては、ボリボリ嚙み砕いて嚥下していた。これを意地きたないと言い切れる人があれば、軍隊生活の索漠とした味気なさを知らぬ幸運な人である。私も空腹よりは、たえず口淋しさに耐えかねていた。

十一月十四日　火

晴。午前午後にわたり、*モッコにて石はこびの作業をなす。下痢つづく。痔いたみはじめる。

＊横須賀方面の丘陵を構成する地質は砂岩《さがん》であったから、防空壕の建造には理想的であった。私はこの日、そこから切り出されて来る石塊を海岸まで棄てにいく作業に当っていた。海兵団の裏手にある海岸は、このために宏大な埋立地になって居り、そこが練兵場になっていた。私が二千メートルのランニングをさせられていたのも、その練兵場である。

モッコをかつぐ担棒《たんぼう》は磨丸太《みがきまるた》ではなく、アマ皮が附いたままの粗木《あらき》であったから、夏など裸体になって担ぐと肩の皮膚がすりむけてしまった。敗戦直前になってからのことであったが、私はそれを予防するために、シャツを四つにたたんで肩に当てながら担棒を担っていると、「馬鹿者ッ。貴様は兵隊じゃないのか。土方みたいな真似をするな」と小ッぴどく叱りつけられた。軍隊では一切の合理性が不法とされていた。苦労しないで一人前になれるかという、あの日本的修練の精神が支配的であった。機械力より人力のほうが安価な日本の悲哀である。なお、海軍では「馬鹿野郎」とか「この野郎」というような言葉は、決して使用されなかった。かならず「馬鹿者」とののしられた。

それにしても、風邪気の上に下痢気味であった私が、脱肛の痛さに耐えながらこんな作業に出ていたのは、翌日の上陸日に、また家族と面会の連絡が取ってあったからである。

十一月十四日附、森武之助[*1]氏よりの書信。　発信地・鎌倉市大町笹目四三一

啓。昨日貴兄の宛名を知りました。早速大塚宣也[*2]君に知らせておきました。すぐ近所に住みながら面会の出来ないのは残念です。

一日おきに鉄兜を肩に東京へ出ます。途中の電車で古い本をくり返し読んでいます。貴君に何時の日会えることやら……。

段々寒くなります。御身体御自愛のことお祈り申します。

＊1　森君は現在慶大国文科助教授。当時は大妻高女の教壇に立っていた。私とは大学予科で同級だったが、普通部時代から相識の仲であった。同人雑誌を一緒にやったこともある。森君も十九年七月に陸軍へ応召したが、即日帰郷した。
＊2　大塚君については後出する。

十一月十五日　水
行軍にてダイミョウ寺に至り、演芸会を催す。好天候にめぐまる。集会所には立寄らず。[*]
咳ひどく眠れず。下痢もつづく。ハガキ倉橋（実教）社長より。

＊せっかく連絡が取ってあったのに、面会の期待は打ち砕かれた。行軍は集会所へ立ち寄らずに、真直ぐ海兵団へ戻ってしまった。そんなこととは知らずに、前夜から食べものを作って横須賀へ来ていた留守宅の者の落胆は如何ばかりであったろう。殊にこの日は一麦の七五三に当っていたので、母と直子は早朝のうちにお宮詣りをすませてから、一麦に記念撮影をさせるために大急ぎで九段の写真館へ廻り、集会所へは午前十時ごろ駆けつけた。そして、夕方の薄暗くなるころまで空しく私を待ったとのことである。

十一月十六日　木
雨。舎内にて学課。下痢つづく。手袋配給、二十七銭。痔いたし。

十一月十七日　金
晴。風つめたし。午前五時二十分、空襲の算大なりとの拡声機により起床。午後、坐学。下痢ひどく痔いたし。福田*（恆存《つねあり》）君と母より来信。

*福田君も「作家精神」の同人であった。この書信は麴町区二番町十一番地九号へ転居した印刷物の通知状で、その脇に毛筆で「呉々《くれぐれ》も御自愛祈上げます」というような文字が認められてある。

十一月十六日附、母よりの書信。
其後は御元気のよし、何より母はよろこんで居ります。こちらも丈夫で居ります。御安心下さいませ。昨日子供の祝*もすませました。日一日とさむくなります故、体を気を付て下さい。母も此の冬はがんばって風を引かぬようちゅういして居ります。そしてだんだんあなたの軍むになれる事より外たのしみは有りません。

又手紙がだせるようになったらお便り下さい。皆、だれもたのしみにして居ります。

*一麦のお宮詣りを済ませたことだけ書いて、同じ日に自分が横須賀から面会できずに失望して帰っていったという事実には、一言も触れていない。面会のことに触れれば、私が連絡を取ったことも芋蔓式に露見してしまうので、そういう心遣いがなされているわけである。この当時は誰でも検閲を考慮に入れて、自分の意志は極めてアイマイにしか相手に伝えることができなかったばかりではなく、たとえば相手の健康を祈る場合にも、「御奉公がかないますよう」というような舞文を余儀なくされた。この母の手紙など、自分の一ばん言いたいことを避けて書いている典型的なものであろう。

十一月十八日　土　　　　　　五・七*　六四　五・七　五六

診察を受け、休業となる。痔より出血。午後からハンモックに就く。寒さははなはだし。

*このころからまた、体温と脈搏の記入がはじまっているが、体温は低く、脈搏数も通常の患者に比して少ない点に注意して置いていただきたい。その理由については後述する。

十一月十九日　日　　五・八　五八　五・六　六〇

晴。やや暖かし。終日、釣床につく。家庭通信を許され、母と直子にハガキを書く。痔のいたみほとんど遠ざかる。猛烈な下痢なれど一回のみ。

十一月二十日　月　　五・八　五六　六・〇　五八

晴。タバコ（朝日）配給、七十銭[*1]。釣床について一日を送る。下痢一回。ハガキ発信許可[*2]。

*1　六円五十銭の俸給に七十銭のタバコなど配給されてはたまらないと、兵隊の間で朝日という煙草は甚だ不評であった。

*2　前日家庭通信が許されたばかりで、また許可が出るわけはない。前日書いたものがこの日発信許可になったのであろう。

十一月二十一日　火　　五・九　五六　五・七　五八

雨。八時、一〇四分隊長室へ久しぶりに掃除にいく。午後、晴、俸給¥六・五〇入。夜、再び雨降り、風加わる。高木卓《たく》氏より来信。この日の敵機はB29。帝都の上空を二時間も飛んでいた。死傷者は一名もなし。

十一月十八日附、高木卓*氏よりの書信。

発信者・杉並区下高井戸二丁目五五二　安藤熙（本名）氏

御ぶさたしておりますが、お元気にご精励のことと存じあげます。偶々《たまたま》豊田君から御入団のこと拝承。この上ともご自愛ご健勝のほど祈りあげます。小生もおかげさまでまずは恙なし。遺憾ながら愚妻いまだ捗々《はかばか》しからず、小生手にアカギレ切らして奮闘中。医師の来診は、しかしおかげさまで隔日になりました。

学校はこのたび俄《にわ》かに試験あり、昨日で済みましたが、つづいて勤労、小生も監督役で出かけます。文学のことは思わない日はありませんが、原稿を睨《にら》む暇が全然ありません。公私ともに多端。しかし、あくまで頑張るつもりでいます。くりかえして御壮健祈りあげつつ。　　不尽

*高木卓氏も「作家精神」創刊号以来の同人であった。拙宅へも幾度か遊びにみえた。現在、東大教養学部独文教授。この当時は旧制の第一高等学校でやはり独文の教鞭を執っていた。豊田氏のお宅同様、高木氏のお宅も夫人が病臥についておられたが、このような家庭をまもる困難は、戦時下であることによって一そう倍加された。

十一月二十二日　水　　五・八　五六　五・六　五八

晴。今日より釣床をはなれる。右手中指ツマアカギレ痛む。母より来信。家の様子を詳細に知らさる。戸塚へも泊りに行ってくれている様子を知り喜ぶ。一郎さんも三十日入団の由。五十名ほど配乗あり。

十一月二十日附、母よりの書信。

其後は御元気ですか。私も、家内一同元気です。

宇佐美一郎[*1]も本月三十日千葉よりそちらへ入団致します。広田[*2]のおむこさんも松本へ入りました。御知らせ申上ます。

一日々々さむくなります故、何より体を大切にして下さい。くれぐれもたのみます。あなたの入団が皆の気もちをしっかりさせたと私はよろこんで居ります。第一に冨美子、一子が御承知の通りのよわい子供でしょう。それが一子なぞは朝おきますと歌で元気にはりきり、かえって来るとおかしい事ですが、御飯を五六ぱいたべます。オタフクネコ程ふとりました。姉も毎日休まずに工場がよいです。母は留守をしながら戸塚へもたまにはとまり、一麦と一所にたのしい日を送って居ります。世けんの人のいろいろ話を聞いたり見たりするたびに、私の一家程しあわせな家はないと母もよろこび、何か[*3]につけてよそ様でうらやまれます。又も母のねがいはあなたの体の丈夫になるよう毎日々々おいのり申して居ります。

直子も此の頃は防空（壕）ほりです。光好さんが何もかもしっかりやってくれますので、直子もどれだけか安心で居られます。そんなわけ故、安心して軍むにはげんで下さいませ。親がわりに何かとお世話下さいますはん長様や分隊長様に母よりくれぐれもよろしく申上て下さいませ。

＊1　宇佐美一郎は私の遠縁。十二月一日入団後、大湊《おおみなと》要港部（青森県）へ配乗され、碇泊中の長門に乗組んでいたとき、敵襲を受けて多数の死傷者が出たが、彼は生命びろいした。

＊2　前記広田貫一の長女智世《としよ》の夫君、和吉。この二人は私の応召後結婚したのに、新婚早々出征してしまった。こういうケエスは、このころ実に多かった。

＊3　母は戸塚の留守宅を訪ねてくれる度にアルバムから私の写真を剝がしていって、それを九段の家の額に入れ、毎日、陰膳を据えて私の無事健康を祈っていた。

十一月二十三日　木　　五・九　五四　六・一　六二

新嘗祭。晴。本日診察日なれど祭日のためなし。遥拝式不参。釣床に入る。満洲[*1]の一雄君より来信。兵[*2]舎の移転準備はじまり落着かず。

＊1　平井一雄は血縁の上で母の従弟にあたるが、私より八歳年少で、十六年一月陸軍に召集され、大阪の築港から満洲の牡丹江へ出征した時には、私も親戚の者二名とともに見送りにいった。岸壁附近には金網が張りめぐらされ、その金網越しに指と指とで握指したことを覚えている。このハガキの発信地は満洲第六九四軍事郵便所気附、満洲第一二九六八部隊藤高隊。藤高隊は電信部隊であった由。敗戦当時、軍曹に昇進していた一雄は、いち早く部隊から離脱したため、収容所生活をまぬかれて帰国した。

＊2　私はこの翌日、団内の病室へ入れられ、退室後の二十九日に一〇〇分隊へ移った。一一〇分隊は私の入室中に解散されたので、この日から、その移転準備が始められていたわけである。

十一月二十四日　金　　五・九　五八　六・一　五四

晴。受診の結果隔離病舎[＊1]に入室を命ぜられたるも、兵舎移転のため手続き能わず。正午より空襲[＊2]（警報）のため十五時まで防空壕に入る。退避後隔離入室。ほまれ六十本（バラ）配給、二十一銭。

＊1　隔離病舎という文字だけを見ると、私がなにか伝染病にでも罹《かか》ったかと誤解され

そうだが、これは単なる病舎の名称にすぎない。以前、隔離病者を収容したためにその名称が遺っていたものと思われるが、もう一つ新病（新病舎の略）というものがあったのに対して、旧病とも呼ばれていた。両者とも、木造ペンキ塗りの粗末な建物であった。

横病へ入るのが入院、団内病室へ入るのは入室と言葉の上でも区別されていたように、症状の軽重によって収容される場所にも相違があった。また、入院の時には、一応分隊とは縁切りのような形で、官品から私物に至るまで全部持参する代りに毛布は分隊へ置いていくが、入室の時には在籍のまま分隊貸与品の毛布と私物の洗面具だけ持っていくことになっていた。

私の入室の時刻が遅くなったのは、警報発令のためもあったが、この当時の私が、まだ入院と入室の区別をはっきり知らなかったためもある。誤まって分隊で入院の手続をしてもらっている間に、かなりの時間が経過してしまったのである。

午後になってから私に医務室まで附添っていってくれたのは先任の二等兵で、千葉県八街《やちまた》の遊び人だという人であったが、この人は首の周りに青い数珠のホリモノをしていた。「貴様ア先任のくせに入院と入室を間違える奴があるかア」と衛生兵に殴られてしまったのはこの人のほうで、私はひどく済まない思いをした。後で詫びると、その人は「いいよ」とあっさり許してくれた。「この時にかぎり」と但し書きをつけねばならないが、この人の態度は立派であった。以後、私も「下の兵隊」をかばう場合には、この人のこの時の態度を見習うことにした。

＊2　雄鶏社刊『東京大空襲秘録写真集』（昭和二十八年八月発行）の巻末に附された警視庁資料による『東京空襲被害一覧表』（以下、『被害一覧表』と略）によれば、この日の東京の被害は、武蔵野、保谷《ほうや》、小金井、五反田、大崎、荻窪、東京港等に及び、罹災者一、三二五人にのぼっている。東京が本格的に襲撃された最初の空襲であった。

十一月二十五日　土　　六・〇　五八　六・三　五〇

晴。昨夜絶食。朝、重湯。一子よりの手紙カクリ室にて受取る。一一・一〇――一二・二〇避難。防空壕にて粥食。午後曇天。

十一月二十五日受信、一子よりの書信。

兄ちゃん。お便り何度（二度かしら）も拝見しましたが元気で働いて居らっしゃるとの事、何より嬉しく思います。

一子も兄ちゃんにお手紙書こう書こうと思って居たのですが、朝は六時前に家を出て帰りは七時過ぎ、落着くのは九時頃なのでつい書けませんでした。ごめんなさいね。

今日着いた葉書によると何でもおいしくなったって、よかったですね。

一子も工場にもすっかり馴れて毎日部品をリヤカーや荷車で運んで油だらけで働いて居るので、会社のおべんとうをおいしく食べて居ます。[*1]ふじ母ちゃんの手紙にかいてあるそうですが、御飯もとても良く食べますよ。だから安心して下さい。

十五日の日は麦[*2]ちゃんのお祝でした。とても洋服がよくにあって可愛かったですよ。写真はでき次だい送ります。王子様みたいだったわ。一子におぶさったりして一日中遊びました。

それからお母さんも元気で居りますから御安心下さい。

何だかまとまりのない事ばかり書いていると思うでしょ。もう何だかねむくて、家迄《まで》たちどおしで帰って来たものだから、青梅線もお話できない位こみますし、都電もそうですから。

それでも兄ちゃんの事を思い、戦に勝つまでは私達学徒の力をかりるより他はないと社長さんもおっしゃりますから、一子は大いにがんばります。兄ちゃんもどうぞがんばって下さい。

今日はこれ位に致します。今十時一寸《ちょっと》すぎです。もう皆ねてしまったのよ。では又。

佐夜奈良。

字がきたなくてよめますか？　今度はもっともっと沢山かきます。一子はお返事いりません。[*3]ふじ母ちゃんにだして下さい。その分も……。

＊1「ふじ母ちゃん」というのは母のことである。本来、母は一子の祖母に当るわけだが、まだ若かった母は「おばあちゃん」と呼ばれることを嫌って、この呼称が生じた。一麦が生れてから、初めて、「おばあちゃん」になった。

＊2 一子だけが一麦を「麦《むぎ》ちゃん」と呼んだ。ほかにこの呼び方をした者はない。

＊3 一子も自分は返事を要らないから母に手紙を出してくれと言っているが、直子も何時も同じことを言っていた。母は応召以来、私のことばかり言い暮すようになっていたらしく、姉に言わせると「まるで気ちがいみたい」ということになるような有様であったらしい。

十一月二十六日　日　　六・二　四八　六・二一　四六

快晴。一三・一五——一四・二〇防空壕入り。一六・三〇病室に鍵和田氏の訪問を受く。

十一月二十六日、鍵和田氏に寄託せる直子の書信。

御ぶさた申上げておりますが、その後御具合御よろしいよしにてお喜び申上げております。私共一同無事、御安心下さいまし。＊1明二十四日朝小包お送り致します。ワカモト錠一。スタウト錠三。含嗽《がんそう》薬一。ロートヂゲスミント一。靴下二足。ガーター。煙草五

（きんし五十六本在中）。尚カフエル錠もお送りいたしたく存じましたが、母上の方にも品切のよし、いずれ手に入り次第お送りいたします。

鍵和田様には私度々御邪《おじゃ》ま申上げ、一方なりませぬ御世話様になっておりまして、誠にあり難いことで御ざいます。

　尚、鍵和田様にロートヂゲスミント。含嗽薬。目薬。征露丸。ビーコン錠。靴下。煙草各々一個宛《ずつ》御願いいたします。ビーコン錠はなかなか手に入り難い薬にて一麦のためにと思っておりましたがお送りいたします。ビーコン錠の箱に少しスキがありましたから[*2]日頃御愛用の薬を少し入れておきました。一人の時にでも一度紙の上へすっかり薬をおだしになって（ビーコン錠のみ）ビーコン錠と別の薬とをよくわけてみてから御服用下さいませ。

　御元気の程御祈り申上げます。明二十四日鍵和田様へお伺いいたします。　直子

＊1　この手紙は小さな紙へ極小の文字で書かれていて、封筒はない。文面によって、鍵和田氏訪問の前日認めたことが明らかである。実に夥《おびただ》しい薬品名が列《つら》ねてあることに、いまさら私も直子も驚かされているが、私の当時の健康状態は応召前から憂慮すべき状態にあったので、送るほうでも受取るほうでも薬のことばかり頭にあった。
＊2　これは手紙を書いた当人も私もよくわからない。たぶん白砂糖ではないかという

のが私の推定である。

十一月二十七日　月　　　　　　　　六・二　四四　五・六　四六
曇。寒さはなはだし。一二・〇〇——一五・〇〇待避。のち細雨となる。病室の甲板掃除に参加す。普通便となる。

十一月二十八日　火　　　　　　　　五・八　四四　六・二　四四
夜来の雨、九時半ごろあがり、暖かき日和となる。十一時ごろ敵機父島上空を通過との情報なれど警報出ず。待避もなし。母、光好、幸子、大塚、今村君より来信。

十一月二十二日（消印）大塚宣也氏[*1]よりの書信。
発信地・長崎県東彼杵《ひがしそのぎ》郡南風崎《はえのさき》局区内針尾海兵団第八分隊
御無沙汰致しました。段々寒さに向いますが、元気のことと存じます。貴兄入団の由、御知らせ頂いてから、森からの便りで中久保も応召のことを聞きました。貴兄も恐らく只今新兵教育中のことと思っておりますが、大いに頑張っておられると期待しています。海軍の兵隊さんも伊喜見[*2]が昨年入って以来小生等が後続したわけですが、御互いに一生懸命にやりましょう。小生も入団以来病気一つせず規則正しい生活で、健康そのもので軍務に御奉仕公致しております。遠く離れてお目にかかる機会はあるかないか分りませんが、便りが出来るのが何よりと思っております。まずは御挨拶まで。

＊1　大塚君は慶応幼稚舎以来の友人で、前記菊本君等と私の同級生であった。現在、日ソ親善協会常務理事の職にあるが、慶大英文科出身で、応召当時は毎日新聞の整理部副部長であった。海軍では暗号をやっていた。

＊2　伊喜見孝吉君は彼が法政大学に在学中、新宿の喫茶店で識り合った友人で、私は随分したしくした。卒業後毎日新聞に入社して大塚君とも親しくなった。彼も海軍の艦上勤務で戦死してしまった。

十一月二十五日（消印）光好よりの書信。

お兄さま。

大分お寒く成ってまいりました。過日は御手紙を有がとう存じました。おなつかしく拝見させて頂きました。

御無沙汰のみ申上げて居りまして、ほんとに申訳なく存じております。筆不精とは言え、お恥かしゅう存じます。どうぞ悪しからず御ゆるし下さいませ。心では常に御兄様の事を御案じ申上げており乍《なが》ら、失礼ばかり致して居ります。御便りに依りますと、御元気に御成りの御由で御ざいますが、心から嬉しく存じました。毎日大変でいらっしゃいましょう。御苦労の程、御察し申上げております。私共でも一同風邪一つひかずに朗《ほが》らかに日々を暮して居ります故、何卒御安心下さいませ。

この十五日は、一麦チャンの御祝いで御ざいました。御赤飯を炊いたり、おまんじゅうを拵《こしら》えたりして御祝い致しました。一麦チャンは御母様（私の母の意）が拵えて下さった御洋服がとてもよく御似合いでいらっしゃいました。愛らしい御姿を一度御目にかけ度《と》う存じました。この日は御母様も一麦チャンも世界中で一番御幸福そうに見えました。一麦チャンは御母様に御手をひかれて、喜び勇んで、御宮詣りにまいりました。いつもの一麦チャンとは大分違いました。頭のてっぺんから足の先まで照り輝いて見えました。一麦チャンのニコニコ顔を御想像下さいませ。御兄様が御入団なさってからとても悪く成りましたが、その代り迚《とて》もお兄チャンになりました。御口も達者になって、私など時々負けて了《しま》います。毎日朝から晩まで家中をドンドンバタバタかけ廻っています。御飯もモリモリと御召上りになりますので、この頃はすっかり円いお顔になりました。いつもうれしさではち切れそうなお顔をしていらっしゃいます。

姉もこの節はすっかり丈夫になり、隣組の防空壕掘りなどにも出られるようになりました。私は相変らずです。一生懸命に働いております。一麦チャンのおかげで、朝から晩まで笑い通しです。畑は見る影も御ざいません。お兄さんが御入団なさる前におまき下さったほうれん草は、何《ど》うしたのか失敗に終りました。時々は見に参りましたのですが――。

このごろは、家もとても綺麗になりました。お花を活けたりして、賑《にぎ》やかに致しております。御兄様の御入団なさった当座は好く御兄様の夢を見ました。私にはお兄様の軍服姿など想像出来ません。何ですか、とてもお若く御成りとか、本当ですか。御魚が御好きになられましたとか、おどろいて居ります。（御写真お送り下さいませ）

お母様が時々いらして下さいまして、とてもとてももったいない程にお優しくして下さいますので、涙の出る程うれしゅうございます。真の母親が出来たような想いが致して居ります。御兄様からも、御ついでの時におよろしく御伝え下さいませ。御願い致します。

お薬のことですが、只今ヴィタミン剤もひどく少く成りまして、中々手に入り難く成りました。お送り申上げました御品を揃えますのも容易なことではなかったと、姉が申して居りました。毎日々々が、あッと言う間に過ぎ去って了います。もっと有意義な生活をと思い乍ら中々実行出来ません。お兄様の御日常を考えますと、おはずかしくなることばかりです。もっと自我を捨てると言うことを実行したいと思って居りますが、私など修養が足りませんので、迚も努力が必要です。なかなかむずかしいことと痛感致しました。御兄様の御本を時々拝借させて頂いております。一週間程前まで岡本かの子女史のものを読んでおりました。

　では今日はこの位にして失礼させて頂きます。くだらないことを長々と書き連ねて了いました。御寒さに向います折柄御身体をくれぐれも御大切に遊ばしませ。乱筆乱文を御許し下さいませ。

サヨナラ

前便と同封された幸子よりの書信。

　大変お寒くなって参りましたが、お兄様にはその後お体の方もだんだんよくおなりになられる御様子、心からお喜び申上げて居ります。

　私はおかげ様で風邪一つひかず通勤致して居りますから何卒御安心下さいませ。

　何時もお世話になり、お優しくしていただきましたのにお便りも差上げず、御無沙汰をして終いまして本当に申訳御座いません。どうぞお許し下さいませ。

　一麦ちゃんはとても元気で、毎日兵隊さんの真似をしたり廊下をかけ廻ったりして御飯もよく食べますので、大変肥って可愛くなりました。十五日はお祝いでしたのでお祖母様も一麦ちゃんもとても御幸福そうでした。

　私は二、三日前から各班に分けられ、局員と一緒になって相当にむずかしい仕事をして居りますが、むずかしい方が働き甲斐があって面白う御ざいます。日によって違いますけれども、此の頃は大変忙しくて、退庁時になっても仕事が終らない時も大分あります。けれど、お兄様の事を考えますと、この位何でもありません。本当にこれからは益々お寒くなりますのに、色々と御苦労の多いこととお察し申上げて居ります。

今度、私達は髪の毛は火薬になりますので献納致しました。ですから皆、衿元から十糎《センチ》きりありませんけれども、却って揃って綺麗になりました。又、その中《うち》に血液を献納することになって居りますが、この事は少し考えねばなりませんので、少し待つことになりました。皆、少しでもお国の為になることがしたくてむずむずして居るらしいのです。*卒業式は三月二十三日に定り、卒業後も貯金局で働くことになって居ります。

今日は新嘗祭でお休みでしたので、光好さんがお花をお兄様のお写真のわきやお玄関に綺麗に生けました。たまのお休みですので、お手伝いをしたり一麦ちゃんと遊んだりして過しました。

それではお寒さもだんだんきびしくなって参りますから御体くれぐれもお大切に遊ばしませ。乱筆乱文お許し下さい。　　　サヨナラ

*幸子は二十年三月、成女高女を五学年で卒業したが、彼女の一級下の者は四学年で繰上げ卒業となり、卒業式は同時におこなわれた。今回の私の問合せに対する幸子の報告によれば、その時分すでに空襲や疎開のため、生徒の数はだいぶん少なくなっていたとのことである。なお、このとき専攻科が新設され、幸子もその課程に入って引続

き貯金局へ通勤する予定であったが、進学は中止した。

十一月二十八日（消印）母宛の拙便。　発信者[*]・鎌倉市腰越町六九二　野口冨士男

十五日には残念なことを致しました。私も近々何処かへ（今とは別のところへ）やられる様子ですが、二十九日（水）には今度こそお目にかかれることと存じます。何時《なんじ》ごろになりますかよくわかりませんが、午前十時より早いことはあるまいと存じますので、例の場所においでを願えれば幸いです。

当日の食べ物と、後まで少し保存のきく食べ物とを持って来ていただきたいと存じます。カニ（罐詰）を揚げて酢で煮た物（直子が知っています）など食べたい気がします。これは当日の食事のオカズにしたいのです。餡《あん》のはいった饅頭《まんじゅう》はもったいないから、この前ほど沢山いりません。それだけムシパンでも作って来て下さい。それから薬は下痢止め、咳止めを是非ほしいと思っています。マホービンにはコーヒーを入れて来て下さい。パンを油で揚げたものも食べたいと思います。

＊この住所は慶大国文科出身の友人であり、実業家である尾上猛君のものを借用している。野口姓も、この場合の私としては偽名である。秘密の投函が生んだ結果であった。

☆二十四日から入室した私が、二十九日の上陸日に外出できると考えるわけはないから、この手紙はおそらく入室以前に書いて、黒坂兵曹に投函を依頼して置いたもので、黒坂兵曹が二十八日に投函してくれたのだと思う。「薬は下痢止め、咳止めを是非ほしいと思っています」とある文面をみても、鍵和田氏来訪以前に書かれたものであることは確実である。消印ははっきりしないが「横須賀汐見《しおみ》」局らしい。依頼直後に入室してしまった私には、黒坂兵曹の所へ投函取消しにいく暇も自由もなかったのであろう。この手紙のため、私は十五日に続いて、二十九日にもまた留守宅の者に横須賀まで無駄足をさせてしまったわけである。文面はつまらぬものだが、用件は会った時に話せばよいと考えて、食べもののことばかり書いている当時の私のあさましい手紙の見本として掲載して置いた。食慾を失っていた私は、軍隊以外の味覚に、狂おしいまでのノスタルジイをいだいていた。

一〇〇分隊（機関科教場）

十一月二十九日　水　　　　六・四　四六

晴。一三・〇〇退室となり、移転後の分隊に戻りたるところ一〇〇分隊（機関科教場）[1]にまわされ、第五教班に属す。空襲（警報）[2]のため二三・〇〇起さる。兵舎に帰りたるは二時半なり。雨ひどし。教班長氏名、佐藤金吾、高橋啓蔵、長谷部常三郎、志賀四郎巳。甲板長、横田上水。

＊1　一一〇分隊は私の入室当日解散になり、これが二分されて一〇〇分隊に吸収された。以前からあった他の一つの一〇〇分隊は主任附と呼ばれ、私たちの旧一一〇分隊は運用教場と機関科教場に分散されて、おのおの兵舎名の頭字から一〇〇分隊㋒《まるう》、一〇〇分隊㋖《まるき》と呼称されるようになった。

この両者は場所も二〇〇メートルぐらい離れていたが、運用教場は木造の平屋で、物置を流用したみすぼらしい建物であった。私の入った機関科教場も木造の二階建であったが、運用教場ほど粗末なものではなかった。もと機関科の兵隊に学課の教育をした校舎の跡で、階下にはまだ巨大な汽罐《かま》の実物が据えつけられており、私たちの居住区はその二階にあって、奥の半分を使用していた。入口に近い半分は四分隊が使用していた。

居住区は八兵舎や三兵舎のような中央通路もなく、ただ一面にのっぺりした板の間になっているだけであったから、釣床も使用せず、私たちはそこへワラのムシロを敷いて毛布でゴロ寝した。三兵舎で毎晩釣床訓練を繰り返されていたころ、私はつくづく釣床のない所へ行きたいと考えていたので、この兵舎の構造はそういう私の希望をかなえてくれたようなものであったが、やはり最初のあいだは、朝起きると痩せこけていた身体の節ぶしが痛くて弱った。それに、焼夷弾よけのため天井板が取りはずされていた関係もあって冷え込みが甚だしく、夜中に一度はかならず別棟の厠へ通わねばならないのも不自由であった。毛布は真冬でも一人に二枚しか渡らなかったので、私たちは二人ずつが一組になって合計四枚のうち一枚を敷き、三枚掛けて、二人が抱き合うようにして寝ながら、こごえ死にそうになる寒気をふせいだ。また、枕の代りには、自分の靴の上に上着を四つにたたんで載せて置くので、雨の日など靴がよごれていて気持が悪かったが、そうして置かないと眠っているあいだに盗難に遭う心配があった。殊になんの仕切りもない隣の居住区にいた四分隊は現役で移動がはげしく、行きがけの駄賃になにを失敬されるかわからぬという不安があった。

もともと教室を流用した居住区が設備もわるく、備品にもいちじるしく不足していたことは当然であったが、私たちは食事の折にもムシロの上に正座して、食器や箸は直接板の間に置かねばならぬ始末であった。この分隊に編入された直後のことであったが、私の同班に府中の刑務所から直接応召したという兵隊がいて、あるとき食事をしながら大粒の涙を流しているのを見つけたので、私がその理由をたずねると、「兵役懲役というけれど、軍隊は刑務所よりひどい。刑務所だって、俺はムシロの上で飯を食わされたことなんかなかった。これじゃオコモだ」と彼は応えた。勿論、刑務所にはバッタアなどもなかったであろう。

＊2　一一〇分隊では各班に一人ずつ教班長がいたし、海軍ではそれが常態であるべきだったのに、機関科教場では全体で四人しかいなかった。もっとも機関科教場では移動がはげしく、昨日は二〇〇人いたかと思うと、今日は三〇人くらいになってしまうというような状態が反復されていたので、この教班長の数も多すぎはしなかったが、少なすぎると言っても当らぬようなところがあった。そして、新兵分隊のために、兵隊は一等兵と二等兵しかいなかったので、横田という上等兵が甲板長の役をつとめながら、教員室に起居していた。横田上水は、病気のために進級が遅れて、本来はとうに兵長になっているべきであったらしい。さすがに二国あがりの上等兵とは違ってキビキビしており、兵隊としては一人前であった。バッタアも巧かった。

十一月三十日　木

雨。昨日の空襲は東京に火災を生ぜしめたる由。新兵受領*のため、午前も午後も八兵舎へ手伝いに行く。寝不足のためやや風邪気味となれるも大したことなし。

＊いわゆる「十二月一日《いっぴ》の兵隊」が入って来たので、その引率役の作業に出た。「新兵受領」とは、陸軍から払下げられた新兵を海軍側が受取るという意味であろう。

私も入団当日は午食の弁当を持参したが、入団者はほとんど例外なく、誰でもこの支度をして来る。ところが、団門を入るや否や、伝染病予防という名目の下に、これは取り上げられてしまう。また、火災予防という名目の下にマッチも取り上げられたが、これらは半分までが事実で、半分は嘘であった。マッチは新兵受領に出た古兵が着服して、分隊に戻ってから皆で山分けする。弁当のほうは赤飯かスシが大部分であったが、これはリヤカアで烹炊所へ運搬して大釜で雑炊にされ、工作兵など夜業の兵隊の夜食に供された。私も普通ならば、この弁当の行方などは知らぬまま復員してしまう筈であったが、この翌日あたり黒坂兵曹と逢って、そういうことを教えられたのである。黒坂兵曹はほとんど夜業ばかりして、昼間は兵舎で寝ていたから、昼のうちに兵舎へ訪ねていけば大抵いつでも逢うことができた。「昨日の夜食は小豆粥《あずきがゆ》さ」と黒坂兵曹は笑っていた。

勿論、リヤカアで烹炊所へ運んでいく前に、弁当の一つや二つ失敬してしまうことなど造作はない。だから、この新兵受領という作業に出ることは誰でも喜んだ。この日はまだ私も一〇〇分隊へ移った翌日なので、そういうことはできなかったが、その次からは分隊の仲間と連絡をとっておいて、さッと抜き取って、さッと仲間に渡した。

仲間は分隊へ持って帰って、後で皆で分け合った。裟婆《しゃば》の味覚に対するノスタルジイがさせた業で、罪の意識はなかった。軍隊というのは、やはり特殊な場所である。勿論、酒保が確立していた当時の兵隊には、こんな行為はなかったであろう。戦争による物資不足が大きな原因であった。

十一月三十日（消印）森武之助氏よりの書信。

啓。段々寒くなりました。御身体御健康の事と存じます。連日連夜非常な事が起って来て、我々も心を決めて暮しています。東京の家も総引上げをする事になるでしょう。山口の家族も国へ行きました。

なるべく心を疲らせない様に雑用を熱心にやる様にしています。学校も午前中だけになりましたので、時間はあります。

御自愛軍務御精励のことお祈り申します。

*森君の東京の家は麹町区三番町にあって、母堂や妹さんなどが住んでおられた。

十二月一日　金

降雨にて大部分の者は新兵受領作業に出て行きたれば、兵舎に残り一日をすごす。風邪気味なり。

日附不詳、母宛の拙便　発信者・横須賀市若松町六二　野口冨士男[1]

二十九日には黒坂さんにお願いした手紙とのゆきちがいとは言いながら、またまた無駄足をさせてしまって申訳ありません。私も残念でした。それでも黒坂さんにお逢いになれたのは何よりも結構でした。今度こそうまく連絡をつけて面会を得たいものです。鍵和田さんにおたのみの薬も小包もたしかに入手いたしました。薬もこのごろは品不足だということですが、いろいろ無理を言って済みませんでした。あれだけあればもう今度こそ充分です。このところまた少し下痢をしましたが、もうよくなりましたから御安心下さい。体がよくてもわるくても薬があれば気持が安心なので少しよけいにお願いしただけなのですから、どうぞ心配なさらないで下さい。また度々煙草を有難う存じます。このところ煙草のほうはこちらでも配給がありますから、これもあまり無理をなさらないで下さい。二十九日にはお目にかかれると思ったものですから朝日[2]を二箱とっておいたのですが、お渡しできなくて残念でした。なるべくしめらないようにして置いて今度の折にでも差上げたいと思っています。

空襲のことについては非常に心配していますが、こちらにいてはどうなるものでもありませぬ故、ただ皆さんの御無事だけを祈っております。この前のお便りでも申上げましたように、毛布や夜具や座布団を、沢山かかえて防空壕へ入るようにして下さい。風邪さえひかなければ、爆弾を食わないかぎり大丈夫なのですから。

私は二十四日に今までの第一一〇分隊から第一〇〇分隊にかわりました。そのため先日鍵和田さんがお訪ね下さって第一一〇分隊長にお目にかかっていただいたことも無駄に近くなってしまったのですが、鍵和田さんといい、黒坂さんといいほんとにいい方を得て幸福に思っています。（黒坂さんからパンと飴とタバコをたしかにいただきました。）

で、その第一〇〇分隊という所ですが、これは現在三つの場所に分れていまして、私のおりますのは作業班で、いちばんきついところ故、できることならおなじ第一〇〇分隊の召集事務室のほうへ所属を移してもらいたいと思い、黒坂さんにもお願いしたり、その他にもこちらとして出来るだけ手を廻して運動をしておりますが、外部から鍵和田さんにも、もう一度お願いしてもらいたいと思っています。召集事務室というのは事務専門のところで、体はずっと楽なのです。（忘れないうちに書いておきますが、先日ちょっと寝込んだおかげで遠い所へやられずに済みました。不幸中の幸いでした。）分隊長は大尉で山本末吉です。

黒坂さん幸便の手紙により、保険と貯金番号[*3]のことは承知しました。戸塚の五万円は結構だと思います。

召集事務室についてもう少し書きますが、指名残留と言って上官に縁故のある者や、特殊な技能を持つ者を残す組織がありまして、この第一〇〇分隊の中には芸能班というものまである由です。残留組の一人として召集事務に携わるという形にすることが出来ればいちばん理想的なわけですから、こちらでもそのように運動をしております。人事部のほうでも鍵和田さんのほうでも手蔓は何処からでも結構ですから、御尽力ねがいます。それでないと今度こそ近々に遠くへやられてしまうかもしれません。もっとも遠くと言ってもたいていは内地ですが、愛知県だの青森県だのというような所へ行ってしまっては面会の希望も全然なくなってしまうわけです。

まだ書きもらしたことが多いと思いますが、なかなか隙がなくて書けません。また今度書くことに致します。どうぞお体を大切に。

黒坂さんには特別にパンを頂いたり、ほんとにお世話になっております。どうぞ奥さんの方にもお礼を仰言《おっしゃ》っておいて下さい。

＊1　この手紙も黒坂兵曹に投函を依頼したことは確実で、横須賀市若松町という住所は黒坂兵曹の教示にしたがった。黒坂兵曹のいた十三兵舎は、機関科教場と一〇メートルほどの道路をはさんだ目の前にあったので、私はこのころ連日のように兵曹を訪ねては何ごとかを依頼したり、ソフト・ボオルぐらいの大きさの球形のおにぎりを貰

って食べたりしていた。この手紙を書いた日附は不明だが、前後の事情から此処へ入れて置いた。

＊2 朝日という煙草は兵隊には不評であったが、母はこれを常用していたので、私は面会のとき母に渡そうと思って取って置いた。銃後も煙草には不足し切っていたからである。

＊3 母のほうの保険証と貯金通帳の番号を通知されて、私が控えて置いたことを意味する。空襲がそろそろ頻繁になりはじめていたので、母も東京の家の罹災を覚悟して、横須賀にいる私に番号のメモを依頼してよこしたのであった。応召中の私と銃後の家族のどちらが安全かは、誰にも予断できなかった。「戸塚の五万円」は、私の留守宅の火災保険の契約額である。

十二月二日　土

晴。午後警報鳴りたるも待避せず。午後より曇りて風つめたくなる。チリ紙配給、九銭。

☆この日、私は応召兵の入った兵舎をあちらこちら探して廻ったが、身内の宇佐美一郎の姿は遂に見当らなかった。

十二月三日　日

晴天なれど風のつめたさするどし。十三時半警報発せられ、防空壕に入る。十六時解除。風邪気おもり寒気加わる。腹痛もあれば夕食絶食す。一〇〇分隊宛母より来信。

*『被害一覧表』を見ると、東京の空襲時刻は、この日十四時から十五時三十分までであるから、われわれのほうは大体その三十分前に待避して、三十分後に解除になっているわけである。

十二月四日　月　D[*1]　六・二　六二　六・七　六六

晴。今日も風つめたし。午前、八兵舎へ作業にゆく。洗濯日課。兵舎にて手旗あり。リンゴ配給。夜食を絶つ。

十二月五日　火

腹痛のため朝食を絶つ。再び受診の結果、レントゲン、血沈、検痰を受け、粥食を給せられて休業となる。ビール[*2]配給取れず。

*1　体温、脈搏数の上にあるDという文字は私の受診日である。医務室に詰めかける

患者数があまりに多すぎたので、初診日を基準として、AからDまでの四日間に各自の受診日を分けられていた。即ち、私の受診日は四日目に一度ずつ廻って来たわけである。

＊2　配給取れずという文字を見ると如何にも残念そうであるが、酒好きでない私にビールそのものは不要であった。ただ、そのビールで煙草に交換できる機会を失ったことが残念であった。喫煙の習慣を持たぬ者は、こういうとき皆から一斉にねらわれたが、自分の吸いたいとも思わぬ煙草でも、他人に譲るのが残念なあまり、はじめは無理に吸いはじめてついに喫煙の悪習を身につけてしまった者もある。北海道の漁夫出身でM・S君という兵隊などがその一人であった。

☆この分隊にはR・S君という指物師の出身者や、Y・K君という彫刻家などがいて、居住区の一角に一坪ほどの板囲いを設け、一日中作業にも訓練にも出ないで箸箱や硯箱《すずりばこ》を作ったり、彫刻ばかりして暮していた。板囲いの中には、その他にもまだ一人二人大工の出身者などが入っていたが、その種の製作品の注文者は各分隊の下士官連中で、何処からどう聞きつけて来るのか注文の絶えることがなかったので、彼等もけっこう忙しい様子であった。その代り食卓番まで他人に押しつけて、自分等は食事が済むと食器も洗わずに仕事場へ入ってしまうのだから、軍隊生活としては実に楽なものであったろう。私の日記には、ずっと後になってから漫画家の杉浦幸雄氏や挿絵画家の田代光氏などの名も出て来る。私とは兵舎が違ったので、よくわからないが、この人たちもやはり作業として敬礼の仕方の図解みたいなものを描かされていた一方では、士官の似顔なども描かされていたので、一応ラクができたのではなかったかと思う。軍隊では特殊な技術を持っている者は、何かにつけて優遇された。そこへいくと、小説書きなど全くの能なし同然だということをしみじみ悟らされた。私の親しい文学上の友人のうちでも宮内寒彌《かんや》（暗号）、十返肇（主計）、青山光二（衛生）の諸君が私と前後して海軍にとられているが、みんなヒラの兵隊ばかりで特別待遇など受けた者は一人もない。

十二月六日　水　　A　六・三　六四　六・八　六二

一二・三〇待避。一三・三〇解除。晴、やや暖かし。夜、降雨。夜〇〇・三〇総員起し。配乗者帰り来るため、混雑この上なし。

十二月七日　木　　B　七・二　六四　七・〇　六六

晴。午前一・〇〇――三・〇〇退避[*1]。午後一八・三〇――一九・〇〇退避。混雑つづく。ビール配給あれど失格。集会所費、一四銭。鍋代[*2]（紛失につき）五銭支出。

＊1　「待避」と書くのが本当かも知れないが、私はしばしば「退避」の文字を使用している。感覚的に、このほうが当時としてはピッタリきたからである。
＊2　鍋代とは、教班長の説明によると食罐の代金のようであった。私たちは自分等が紛失したのではないので、釈然とせぬまま支出に応じた。

十二月八日　金　　C　六・八　六四　七・三　六六
午前〇・三〇――二・〇〇退避。六・三〇配乗者[*]出発。兵舎静かになりたれど、掃除のため落着かず。一二・三〇――一三・三〇退避。リンゴ配給、十八銭。
＊こういうふうに配乗者が突然やって来て、たとえ一晩か二晩でも一緒に暮した者がまた立ち去っていってしまう時には、まったく『方丈記』の文句ではないけれど、「いづ方より来たりて、いづ方へか去る」という、海軍に特有な渡り鳥的な性格に一種の哀愁を味わされるわけであったが、一方「行きがけの駄賃」ともいうべき盗難を恐れねばならぬのもこういう時であった。

十二月九日　土　　D　六・五　六〇　七・二　六八

○三・一○――○三・五○退避。晴。受診の結果、前方通り休業。下痢便となる。

十二月十日　日　六・七　六二　七・○　六○

晴。二○・○○警報あれど退避せず。下痢三回。

十二月十一日　月　A　六・三　六二　六・六　六四

晴。三・三○――三・五○退避す。二三・○○発令のものは退避せず。朝日一箇配給、七十銭。下痢つづく。

十二月十二日　火　B　六・四　六二　六・五　六○

○三・○○警報あれど退避せず。朝、起きたるところ顔むくみおれど、今日はよほど体の工合よし。晴天なれど風強くやや暖かし。

十二月十三日　水　C　六・三　六二　六・七　六四

雨。一二・五○――一三・○○。一四・五○――一五・二○。二度退避あり。午後より晴。ミカン二個配給。

十二月十四日　木　　D　六・一　五八　六・五　六〇
〇二・四〇――〇三・五〇退避。受診の結果、出勤となる。久しぶりに床をはなれて一日をすごした結果、寒気がして腹痛をおぼえる。菓子配給。

十二月十五日　金　　六・二　五八　六・八　六二
曇天。起きているというだけで作業にも出ず、終日をただ寒く暮す。久しぶりに入浴。*一箇月半ぶりぐらいならむ。

*一ヵ月半とは、随分風呂へ入らなかったものである。さぞかしひどいアカだったろう。勿論、シラミの繁殖にも顕著なものがあった。私が「シラミ冨士男」と異名を取ったのも、この分隊にいたころのことである。弱肉強食というか、シラミは身体の弱い者ほどいじめられる率も高いようであった。

この分隊でもすでに混紡の色毛布が多用されていたが、海軍では二枚続きの純毛の白毛布が規格品であって、私はそれを使用していた。白昼床に就いていたという記憶があるから、休業中の出来事に相違ないが、あるとき、私は身体があまりムズムズするので毛布をまくって覗《のぞ》いて見ると、ゴマを散らしたように一面べったりしたシラミが、一時にすうッと毛布の織目の中へもぐり込んでいくのがはッきり認められた。シラミは風に当てると織目の中へもぐり込んでしまうので、私はまた自分の体温でもう一度毛布を温め直してからそっとまくってみると、同じ光景が展開された。あの毛布の中に棲息していたシラミの数は、何百というよりもう一つ上の桁《けた》であったに相違あるまい。

たまりかねた私が恥も外聞も忘れて一人でそのシラミを潰していると、通りかかった教班長も同情して七、八人の兵隊を助力に動員してくれた。そのうちの二人が「掌汽長」へ行って醤油樽に熱湯をもらって来ると、私は分隊員注視の面前で素裸にされ、私の脱いだ下着類はその樽の中へ漬けられた。残りの五、六人の兵隊は懸命になって、毛布のシラミを潰してくれた。そして、私はその晩から別の毛布を使用して寝たのであったが、シラミはそんな姑息な手段で絶滅できるような弱敵ではなかった。仮に私が完全にきれいな身体になっても、毛布を寄せ合って寝ている連中の身体が「シラミのお宿」なのだから、再びその日のうちに新しい繁殖が開始されてしまうのである。私は後に坐学で軍医の衛生講話を聴いたとき、モスコオ遠征のナポレオン軍はロシヤに敗れたのではなく、シラミに敗退したのだという知識を与えられたが、私にはその説があながち牽強附会だとは考えられなかった。太平洋戦争における彼我の相違は物量の有無であったが、同時にDDTの有無であったことをも忘れてはなるまい。野戦における兵士の困苦は、シラミの存在によって一そう倍加されただろうと考えられる。

私が入浴中に、おなじ分隊の者から「お前、やせたなア」と声を掛けられたのは、確かにこの時のことであった。兵隊は自身を労わり、自身のことを考えるだけが精一杯で、他人の上にまで注意を振りむける余裕などないのが常態であったから、そんな言葉を掛けられたのは、よくよく私の衰弱が眼にあまったのであろう。私の太腿は、両手の親指と人差指とで輪をつくって廻してみるとユルユルであった。尻の肉はすっかり落ちてしまって、額面通り、掛け値なしの骨と皮ばかりになっていた。

十二月十六日　土
昨日から今日にかけて空襲なし。[*1]夕方、一麦の写真[*2]（七五三）と同時に母の手紙を受取る。ミンドロ島に敵一箇師上陸。船団一五撃沈破の戦果。チリ紙、菓子、ミカン一〇箇配給、計七十七銭。

＊1　すでにこの時分には、特に空襲がないことを日記に記入するような状況になっていたわけである。
＊2　この写真を取り出してみると、一麦は髪をいわゆる「坊ちゃん刈」にしてヴェレをかぶり、アストラカンの襟のついたヴェロアのオーヴァを着ている。洋服はどんなシルエットのものを着ているのか写真では分からないが、一子の手紙にある「王子様」

のようだというのは、このオーヴァの姿であろうか。

私の応召前から、すでに男児の長髪はほとんど見られなくなっていた。私の家では敗戦に至るまで遂に一麦を丸坊主にはさせなかったが、直子が理髪店へ連れていくと、長髪の人は朝のうちに来てくれとか、そのほか、何かと難癖をつけられたらしい。女性の「電髪」が非国民扱いを受けていたように、当時は男児の長髪も「敵性」とみられる風潮があった。

十二月十七日　日

今日もまた空襲なし。風強く寒さはなはだし。昨夜二三・〇〇——二四・〇〇不寝番。

十二月十八日　月

晴。敵船団五、撃沈破。一二・三〇警報。一三・二〇頭上に敵機の飛ぶを初めて見る。白くチョオクを以て描きたる十字のごとく見ゆ。退避せるところ気持あしくなりて牀に就く。夜食を絶つ。*チョッキ支給さる。

*真綿の新品のチョッキで、これは後日になってから前記のシラミ取りを目的に、醬油樽の熱湯に漬けて他の衣類とともに攪拌《かくはん》していたとき、ドロドロにとけて跡形もなく

なってしまった。確かに他の衣類とともに樽の中へ入れたものが、なくなってしまったのである。私はその有様を見て気が遠くなるほど狼狽したが、覚悟をきめて正直に教班長に報告すると、『被服交附表』に記載されていない分隊からの貸与品だから、俺が何処かからギンバイして来て胡麻化してやると言って許してくれた。

『被服交附表』というのは、支給された官品の品名と員数が記載してあるリストで、兵隊各自が渡されている。したがって何処の分隊へ移っても、その兵隊が官品を紛失したかしないか、このリストに照合すれば直ちに分ってしまう。この点検は時どきおこなわれた。自分の所持する官品を残らず大道商人のように床へならべて、その上に『交附表』を載せ、点検者が近づいて来ると、「被服点検用意よろしい」と言って、立ち上って待っているわけだが、一点でも不足がある時には胃袋が熱くなるような思いである。順番の早い者は他人の所有品を借りて置いて、自分の番が済むと、さッと素早く貸主の許へ返済する。手練の早業が必要であった。私は何時の間にか靴下の片分だけたりなくなっていたので、これには何時も苦心した。

ギンバイというのは、銀蠅から転じた兵隊語である。本来の語義は「たかる」という意味であって、食糧や衣類を取扱っているのは主計兵であるから、主として下士官などが主計兵に顔をきかして物資を入手することであったが、ヒラの兵隊が烹炊所にいって玉ネギやミソなどを黙って失敬して来る場合などにも、この言葉は流用されていた。兵隊には火気を使用する機会がなかったので、これらの物資が烹炊所からギンバイされて来ると、玉ネギを細かくきざみ、それを生ミソの中へまぜ合せてナメモノにした。これは非常に美味であったし、栄養価の高いことも確実であったから、私は復員後それを思い出して家庭の食膳に供させたが、家人には甚だ不評であった。やはり私の口が落ちていたのである。

十二月十九日　火

昨夜警報あれど退避せず。十返君[*1]と直子[*2]より来信。一麦は光妤さんと共に（七日—十五日）平野へ退避せることを知り涙含《なみだぐ》む。

＊1　十返肇（本名・一《はじめ》）君とともに私が「青年芸術派」という文学グルゥプを結成していたのは、昭和十五年から太平洋戦争の初期にかけての二、三年間であったが、彼とはそれよりずっと以前から交際があった。殊に昭和八、九年ごろ紀伊国屋出版部に一しょに勤めていた時代には、市ヶ谷駅の近傍にあった二人の下宿が徒歩十分たらずの距離にあった関係上、いよいよ交友をふかめた。十返君は支那ソバ屋、私はセンベイ屋の二階にいた。彼は十二時ごろになると訪ねて来て、窓の下から大声で私の名を呼んだ。「青年芸術派」は船山馨《かおる》、牧屋善三、青山光二、田宮虎彦、故南川潤、故井

上立士の諸君と十返君及び私の八人によって結成されていた。戦時下に於ける、当時の国策的な思潮に対する抵抗の気持もあって、われわれは小ぢんまりした仲のよい仲間であった。

十返君にはなんとも申訳ない次第だが、このとき貰ったハガキは紛失してしまって、どうしても見当らない。十返君は私より十五日早く入団した「九月一日の兵隊」として、このころ、静岡県の金谷《かなや》航空隊にいた。後に東京警備隊へ移って、佐藤晃一君と海軍省で一緒になっていたということだが、通信不能にちかい状態に置かれていた私の代理として、留守宅でせっせと手紙を書いていた直子が、一ばん数多く郵便の往復をしたのがこの二人の友人であったことも奇であった。

＊2　直子の手紙は、これも見当らないが、日記に「平野」とある疎開先は、前記の埼玉県南埼玉郡増林村の平野要蔵方である。一麦を疎開させたのは、このころ大空襲があるから女子供は避難した方がよいとの評判が専らであったところから直子が決行させたのだそうである。後にこの時の様子を報告してきた光好の手紙があるので、ここでは少しばかり日時が前後するが、続いて次に掲載して置く。日記に「涙含む」とあるのは光好の手紙ではなく、直子の手紙のほうである。

二十年一月六日（消印）光好よりの書信。

お兄さま。御目でとう御座います。本年も何分よろしくお願い申上げます。

御無沙汰致しておりますが、御障りなく御過しでいらっしゃいましょうか。私共ではおかげさまで、一同意義深き新春を御迎えすることが出来ました。無事に御正月が御祝い出来て本当に嬉しく存じました。有がたきことと存じております。御兄様のいらっしゃらないことが、ほんとにほんとに残念でございました。

先日はお便りを有難う存じました。一麦チャンを田舎に御連れ致して居ります留守に頂戴いたしました。帰宅致しまして、姉からお兄様の御様子を御伺い致しまして、ほんとにうれしゅうございました。

先月の七日に私が一麦チャンを御連れ致しまして、増林に参りました。物凄く込んだ電車にゆられてまいりましたが、一麦チャンは一向に平気で、輪タクの中でもニコニコ顔でした。一麦チャンは田舎が大変にお気に召して、驚く程元気な毎日を送っておりました。田舎の生活がはじめてですので、見るものすべてが珍らしいらしく、朝から晩まであくことなく遊び暮しておりました。牛や鶏たちが大好きで、夜ねんねする時など、良く「ヒヨコチャン、ネンネシタ。ウシモネンネシテンノ」と聞きました。鳥舎の前にちょこんとしゃがんで、お菜《は》を促しながらやってました。朝から晩まで、良く遊びました。庭中かけ歩いて居りました。まるで鶯《うぐいす》の様にちっとも一つところにじっとしてることがございませんでした。何時も何時も日光の下で遊んでおりましたので、頬が真赤になりました。

あちらで一度、初雪を見ました。ほんの僅かしか降りませんでしたので、美景を打ち眺めるというわけには参りませんでしたが、それでも子供達は大喜びで雪やコンコンを歌ったりして、はしゃいでおりました。日増しにおさむく成ってまいりますので、帰ります頃には可成りの霜が降り、屋根や畠を真白く致しておりました。田舎の朝は迚《とて》も美しく思いました。朝日のさし昇る有様、昏時《くれどき》の状景など、何とも言えませんでした。田舎の人々は、毎朝太陽を拝みます。私も田舎の生活は初めてでしたが、お百姓さんたちの日常の御苦労の並々ならぬことを知って、おどろきました。早朝から働き、夜は夜でおそくまで、仕事を致しております。

一麦チャンは、毎晩よくお休みになりました。一度も警報を知らなかった位です。田舎は至極のんびりしておりまして、サイレンが鳴りひびいて居りましても皆床の中に納っております。

十二月十五日は酉《とり》の市で御座いましたが、田舎におります人々にとっては御酉様も唯一の楽しみらしく、親も子も着飾ってお宮詣りに参りました。私も一麦チャンに促されるままに行って参りましたが、大変な賑わいかたで、玩具一つ買うのも一通りではございませんでした。おかぐらまでやっておりまして、戦時とは思われない位でした。一麦チャンも小さな熊手を買いました。熊手をかついで、お人形さんや飛行機を手にして、一麦喜び勇んで家に帰りました。何にしろ、おどろく程元気でございました。

お兄さま、御元気でいらっしゃいますか。毎日、何《ど》んなにかお辛いでしょうね。お察し申上げております。私も一生懸命、頑張っております。妹の手（ヒョウソ）もすっかりよくなって、昨日から、何を喰べてもよろしいと先生からお許しが出まして、大喜び致しております。一週間程前に兄*から端書がまいりまして、お兄さまにくれぐれもおよろしく申上げるようにとございました。目下フィリッピンにて敢闘中でございます。とても簡単な手紙で、只無事に御奉公申上げて居るよし書いてございました。ですからさっぱりあちらの様子はわかりません。

暮に徳田様がいらして下さいました。非常にお元気で、面白いお話しを沢山聞かせて下さいました。横須賀に行って、一度お兄さまにお逢いしたいと幾度もおっしゃっていらっしゃいました。では、この位で失礼いたします。くだらないことを長々と書いて了いました。どうぞ悪しからずおゆるし下さいませ。時々、お兄様の御本を拝借させて頂いております。

お母様はいつもいつもお優しくして下さいますので、感激致しております。有がたいことと思っております。余りよくして下さいますので、悪くて悪くて仕方がございません。私など毎日々々が、幸福過ぎる位です。一生懸命働いてお兄様の御凱旋を御待ち申上げております。御武運長久を心から御祈り申上げております。森村様（豊田三郎氏の本名）の御一家は浦和に疎開なさいました。

ではお寒さ厳しき折から、御身体をくれぐれもお大切に。妹からよろしくと申されました。

乱筆乱文をお許し下さいませ。

サヨナラ

*直子の弟の弘文については「まえがき」でもちょっと触れて置いたが、彼は東京歯科医専卒業直後、十九年五月東京麻布の東部第六部隊に応召して甲府に廻され、六月二十七日一たん公用で私の家に戻って来た。そのころ既に直子の実家は解消して、妹たちは私の家に移って来ており、弘文は上官の命令によって私物の歯科の治療器具を部隊へ持って行くために帰京したのである。「一たん帰って来ちゃうと、もう一度隊へ戻るのがいやになりますね」と言いながら、出発の時間がきても容易に立ち上らなかったのを覚えている。私たちが彼の顔を見たのは、それが最後であった。光好のこの手紙には弘文の書信が届いたと書かれてあるが、こちらから出す手紙は、ついに一通も先方の手に渡らなかった様子である。弘文からの書信には、何時も手紙をくれと書かれてあった。

彼が私の母の死と同年同月同日の二十年二月二十六日マニラで戦死した時の模様は、戦後、生き残りの戦友によって語り伝えられたが、輸送船が沈没したために、フィリッピン上陸当時、部隊員の数はすでに四分の一に減じていたとのことである。彼等が最後にたてこもったのは議事堂の建物で、この時の包囲攻撃はまことに猛烈なものであったらしい。そのうちに砲声がやみ、攻撃を三十分間停止するという敵側の投降勧告があったので、部隊員は大急ぎで煙をあげて飯をたいた。三十分後にはふたたび攻撃が開始され、単身または二、三人で建物の外へ飛び出していった者は、敵弾に見舞われなければ、背後から味方の銃撃に遭って悉く戦死してしまったらしい。

弘文はそんな中にあっても最後まで生き残っていた一人であったが、やがて味方の上官から集合命令がくだった。生き残りの談話者は、その時すばやく建物の中にあった地下室のような穴へ飛び込んだために、一命をひろったのだということであったが、命令に従って集合した弘文の姿はすぐに見えなくなり、やがて数発の銃声が聞えた。——自決か処分か、いずれにせよ、それが戦友の語り伝えてくれた弘文の最期であった。

十二月二十日　水

晴。床に就く。夜に入って警報あれど待避せず。

十二月二十二日　金

A

警報一二・〇〇――一四・〇〇。入浴。俸給、六円五〇銭入。ほまれ三箇配給、二十一銭。

十二月二十三日　土
明方、警報ありたれど退避せず。一麦の写真を出して誕生日の祝言をのべる。夜、二度警報あれど退避せず。入浴。B

十二月二十四日　日
晴。行軍あれど出勤のため外出ゆるされず。兵舎にありて大掃除をなす。

十二月二十五日　月
大正天皇祭。昨夜空襲なし。床に就く。病名、[*]肺浸潤ときまる。みかん八箇配給、二十七銭。

*このあたりさっぱり体温や脈搏数の記入がなされていないが、時折「床に就く」というような文字が散見されるところから見て、私はおそらくずっと医務室の厄介になりながら、例によって休業、出勤という状態を反復していたのだろう。

そう言えば、この当時は粥食ばかりしていたという記憶も新しくよみがえって来る。私の痩せ衰えていた身体は、そのためにも一そう衰弱の度を深めた筈である。前にも言ったように、粥食の場合は副食物が与えられない。梅干一個だけである。それが十日もそれ以上も続けば、衰弱しないほうがおかしい。今から考えると、あれでよく体がもったものだと不思議でならない。

機関科教場は団門から一ばん遠い場所にあって、団門のすぐ傍にある烹炊所までの距離は七、八百メートルぐらいもあっただろうか。休業中で床についていた私は食事の時間になると食器を二つ持って烹炊所に行き、一つの食器に粥を入れてもらって、もう一つを蓋の代りに重ね合せて抱きかかえ、それによって手を温めながら兵舎へ戻って来た。ショボンリして哀れな姿だったろうと思う。

十二月二十六日　火　C

昨夜もまた空襲なし。大掃除の団内点検あり。床につく。

十二月二十六日（消印）森武之助氏よりの書信。

啓。寒くなりました。今年は寒さが早い様です。御健闘のことと存じます。連日連夜のサイレンも慣れて来て、皆平気になりました。老人や母を鎌倉にうつしたり、弟が入隊したり（甲府に二十日に入りました）種々いそがしく本も読みません。
山口には時々会います。一人で逗子にガンバッています。御身体御自愛下さい。

十二月二十七日　水　D

診察の結果出勤つづき、*慢性胃炎と病名あらたまる。昼一回（二時間半）、夜一回（三〇分）退避。母よりハガキ。

*二十五日に肺浸潤とされた診断が、中一日おいたこの日、慢性胃炎とあらためられている。軍医の診断とは斯くのごときものであった。

十二月二十八日　木

石けん配給。洗濯日課。

十二月二十九日附、直子宛の拙便。

このところちょっと御無沙汰をしていて、今日黒坂さんの所へ行ってみたらお前から出した手紙が来ていました。それによれば九段から出した便りが返送されたということですが、それは現在の一〇〇というところが三ヵ所にあるので、他の二ヵ所をさがして私が見附からなかったからだと思います。私はまだ前のところにいるのですから御安心願います。来月（正月）の十二、三日までは確実に此処にいることでしょう。

それからこの前の手紙でもちょっと書きましたが、新年からは私も一人で外へ出られるようになります。その第一回が七日になるか十四日になるか、とにかく日曜日であることは確実ですが、いずれかはまだ確定していません。これは追ってお知らせしますが、七日が駄目ならば十四日は確実なのです。これを言いかえると、壱月の日曜日は七日、十四日、二十一日、二十八日の四回で、七日に出られるとすればその次は二十一日になり、七日が駄目で十四日に出られるとすればその次は二十八日になるわけです（もっともこれは私がそのころまで現在のところにいる場合のことで、場所が変ればまた違って来ることはもちろん。しかもそういう形勢は充分にさしせまっています）。何にしても今度こそは何とかして会いたいものと思っています。手紙が間に合わなくて黒坂さんに電話でもかけてもらうようになるかも知れませぬ故、右の事情を今からお前だけでも含んで置いて下さい。七日か十四日にはかならず出られます。

一麦を越ヶ谷にやったという手紙にはすぐに返事が書けなくて残念でしたが、そうするにあたっては、お前の決心も並たいていのものではなかったろうと思い、また、光好さんと二人でリンタクにゆられながら、あの増林村へむかう田舎道を走っていく凸坊《でこぼう》の姿を想像して涙含ましいものをおぼえました。私ももう今はほんとうに強くならなければならないのでしょう。一麦をいい子供に育ててやって下さい。

空襲には、なお一そう気をつけて下さい。先日ちょっと古新聞の切れ端で見たのですが、子供には湯タンポを抱かせて退避せよと出ていました。湯タンポならば火災の心配もないのですから、毎晩湯タンポを入れて置いていざの場合にそなえるのがいいと思います。

七日か十四日に会えるようなら、そのときポケット用の当用日記（なければポケット用の手帖）を持って来て下さい。食べ物は何でも結構、もうゼイタクは言わない。どんなものでもいいから食べたいと思っています。ただ食べたくて仕方がありません。

お前も、一麦も、光好さんも、幸子ちゃんも、いい年を迎えるように。来年こそはいい年にしたいものだ。

二十三日には一麦の写真を出してオメデトウをしました。

二十九日午後　冨

昭和二十年（一九四五年）

一月一日——八月二十四日

一等兵進級

一月一日　月

八・〇〇、八兵舎主任附にて進級式[*1]。一等兵となる。九・〇〇、四方拝のため遥拝式。御写真奉拝[*2]。雑煮[*3]を祝い、菓子の配給を受く。団内にも何処[*4]となく正月気分ただよう。

＊1　新兵教育の期間は三カ月で、本来はその課程を終了した者のみ、更に半月後の一日または十五日を期して一等兵に進級することになっており、私の入団以前にはこの原則が守られていたようであった。しかし、クズモノの兵隊を数多く集めすぎた結果、この時分にはすでに昇級の基準も暴落していて、満足には新兵教育も受けていなかった私のような兵隊まで、ただその時機が来たというだけの理由によって昇級してしまった。

やはり海軍で下級兵の辛酸を舐めた源氏鶏太氏にたずねてみたところ、氏には進級式など執行された経験は一度もなかった由である。この日、私の分隊で進級した者は三名であったと記憶するが、機関科教場では私一人であった。勿論、進級は口頭で伝達されただけで、紙きれ一枚もらったわけではない。階級章は居住区に戻ってから教班長に渡された。

陸軍では二等兵でも戦前は肩章、戦時中は襟章をつけていたが、海軍ではカラスと呼ばれて、二等兵の間は階級章がつかない。カラスという呼称は海軍の軍服が濃紺で、黒一色という印象からきたと伝えられている。私が教班長から与えられた二枚の階級章は共に新品ではなかったが、早速、第一種と第三種と両方の軍服の袖に縫いつけた。

階級章は楯形の黒地の繻子《しゅす》で、黄色いイカリの上に同色の横棒が一本入っているのが一等兵、二本が上等兵、三本が兵長。下士官になるとイカリの下に月桂樹の飾りが附いて、やはり二等兵曹から上等兵曹へ進むにつれ、一本ずつ横棒が増える。そして、下士官の場合にも兵の場合にも、イカリと横棒の中間にサクラの形をした小さな七宝の徽章《きしょう》がつく。これが識別章と呼ばれるもので、黄色が兵科、白が主計科、緑が整備科というふうに色分けされていた。

＊2　御写真奉拝は、当日の朝から団内広場の一ばん団門に近い場所にテントが張られ、そこに三陛下の御写真が安置される。兵隊は分隊ごとに四列横隊でその前まで行進していって最敬礼する。集合から式次第が済むまでには二時間ちかくかかった。

われわれはこの式場に参列するため第一種軍装に着換えているとき、教班長から特に「靴下はツギの当っていないキレイなものを履いていけよ」と注意されたが、官品の靴下は入団直後に三足交附されて以来、一度も補給を受けていなかったので、そんな満足なものは持っていなかった。殊にわれわれは居住区にいる場合、夏でも裸足になっていることはなかったので、靴下の消耗は早かった。また、私のように私物の靴下を持っている者もほとんどいなかった。もう一つ附け加えて置くと、第一種軍装を交附されていない新兵は服装が揃わぬという理由で、この式に参列させられなかった。そんなところにも、末期の海軍の様相の一端が窺われるわけである。

＊3　元日の雑煮の中に入っていた餅は、男ものの草履ぐらいの大きさであった。しかも歯にしみるほど冷えきっていたので、胃袋まで冷たい塊りが通っていく経過が歴然と確認された。兵隊たちは雑煮を食いおわった後で、肩をすぼませながら寒さに慄え上っていた。雑煮は三ヵ日つづいたが、餅は一日一日眼に見えて小さくなっていったので、兵隊には大変な不評であった。

＊4　何処となく正月気分ただようという言葉は曖昧だが、御写真奉拝以外かくべつの行事もなかったのだから、作業も訓練もなく、第一種軍装でのんびりしている周囲の情景を、印象的に書き留めて置いたものと思われる。

一月二日　火

晴。引率外出あれど、棄権[*]して残留す。

＊私はすでに一等兵に進級していたし、この数日後に単独外出を控えていたので、行軍に参加しなかったのであろう。

一月三日　水

元始祭遥拝式。みかん十箇配給、二三銭。

一月四日　木

父より来信。ほまれ二箇、洗石[*]$\frac{1}{2}$配給、一九銭。

＊洗石《せんせき》は洗濯石鹼。浴用石鹼は面石《めんせき》と呼ばれていた。この日の支払額からほまれの定価を差引いてみると、洗石半箇の価格は五銭である。

一月五日　金

九段より新年寄せ書き来信。午後、高橋主任教班長に教員室へ呼ばれて小説[*1]を書くよう命ぜられ、原稿にむかいし折、黒坂[*2]兵曹がみえて夫人の病勢悪化を知る。同時に七日右舷外出の決定を知る。

＊1　私が遠隔の地へ配乗されることをおそれて、留守宅宛てに外部からの手配を依頼する一方、黒坂兵曹にむかっても指名残留の斡旋を乞うている事実は、十二月一日の項に挿入した拙便の通りだが、私がこの日教員室に呼ばれていたのもその劾顕の一つであった。黒坂兵曹は偶然にも、機関科教場の教班長の一人である長谷部兵曹と旧知の仲であったところから、何かと私のことを頼んでくれていた。それを高橋主任教班長が取り上げてくれた結果が、この日私にショウセッを書かせるという具体的な形になって現われたのである。

　私はこの主任教班長の「好意」に対して、甚だしく狼狽した。他人の見ている眼の前でショウセツを書かされるのは、拷問にひとしい。しかも、その他人というのが、教班長なのである。『シラミと兵隊』という課題を与えられて片手に鉛筆を持ち、「海軍」という二字が中央にヤケに大きく印刷されてある赤い罫紙を眼の前に据えながら、ほとんど泣きベソをかかぬばかりにして班長の隣りの机に縛りつけられていた私の心中の、なんともかともやる方ない困憊を察していただきたい。私は大工であればよかったと思った。左官であればよかったと思った。自分をニセモノの小説家ではなかったのかと、自ら疑わずにはいられなかった。一時間が過ぎ、二時間が去っても、私は完全なスランプ状態にあった。そのとき、黒坂兵曹がひょっこり教員室に姿を見せてくれたのである。私は救われた。助かったと思った。私は一一〇分隊にいた時にも、分隊士から下士官候補の試験を受けろとすすめられて、シドロモドロになりながらそれを拒否した経験をもっているが、私が市民生活における庶民のように、軍隊にあっては飽くまでも一兵卒として、今後は如何なる特権をも欲するまいと決心したのは、この時のことであった。

＊2　黒坂兵曹夫人の加減が悪かったことは、私も前から薄うす知っていた。その病状が悪化したために、黒坂兵曹はこのとき看護帰省することになって、上京するついでに拙宅への伝達事項はないかということを尋ねに来てくれたのであった。元日に一等兵に進級したばかりの私の次の上陸日は、七日になるか十四日になるか、この時にはまだ決定していなかったのだが、黒坂兵曹が「七日にしてやれよ。俺が今日東京の病院で平井の家へ電話を掛けてやるんだから」と教班長に頼んでくれたので、七日の上陸はその場であっさり決定してしまった。

一月六日　土

風さむく、陽光あれど雪降る。

一月七日　日

半舷上陸。九時、集会所に母、一子とともに来る。一〇・三〇直子と一麦来り、直ちに長井屋旅館[*1]に至る。七〇余日ぶりの面会なり。夜、兵舎にて吐瀉《としゃ》す[*2]。

＊1　『標準海語辞典』によって「入湯外出」の項をみると、「海軍で夕食後より翌朝の食事時刻まで許可される上陸（外出）。」と説明されてあるが、これが許可されるのは上等兵以上で、外泊の待遇を受けることは「入湯が附く」という言葉で表現された。入湯とは、風呂へ入るという名目の下に許可される外出の意味である。

一等兵には、その入湯が附かないので外泊は許されなかったが、それでも二等兵の引率外出とは違って、単独外出であるから、集会所などに引込んでいなくてもよかった。外出範囲も横浜の杉田までは許可されていたから、たとえば横須賀線などに乗っているところを見られても、咎《とが》められることはないわけであった。但し、海兵団では警戒警報が鳴っても分隊へ駆け戻らねばならぬと規定されていたので、事実上その自由にはカセが嵌《は》められていた。

入湯外出をした兵隊の中には安浦という私娼街に外泊する者もあったが、大半は市中の何処かに下宿を持っていた。しかし、他の土地から横須賀へ転勤して来たばかりで、まだ下宿も定まっていないような兵隊は、せっかく家族を呼び寄せても宿泊の場所に不自由する。この日、私たちが休憩しにいった長井屋という旅館も、そうした兵隊相手の安宿の一軒で、京浜急行、横須賀中央駅の高架線の真下にあった。母は電話で黒坂兵曹から、私と面会したら、この旅館へ行って足腰をのばすように教えられていたのである。はじめて単独外出をした私には、勿論そんな智慧はなかった。

私たちがせっかく団内の浴場の前までいっても、十一分隊がいると聞いた時には恐れをなして引揚げて来たことは前にも書いたが、私はこの初めての単独外出の直前にも、市中で十一分隊の姿を見かけたら警戒しろという注意を教班長の一人から受けた。その代り、陸軍の兵隊には士官だけ敬礼しておけばいい。どうせ海軍の階級章は「陸さん」には分りっこないのだから、相手が下士官以下だったら知らん顔をしていろ。文句を言う奴があったら張ッ倒しちまえ、と私は言われた。陸海軍が犬猿の仲にあることは私も応召前から聞いていたが、それほどとは思っていなかったので驚いた。勿論、外出をした私は相手を兵隊とさえみれば、家族とともに歩いている間も、上下貴賤の隔てなく滅多矢鱈《やたら》と敬礼ばかりしていた。二等兵には外出はないのだし、自分より下の兵隊という者は世の中に一人もいないのだから、その点、私にはまことに好都合であった。

ついでに書いて置くが、一等兵以上になって単独外出が許可されるようになると、分隊名と氏名を書き入れた外出札と称される木札を、各自が所有するようになる。外出員は朝食を済ませると早々に身支度をして所定の場所に集合するが、点呼を終ると、当番兵がその名札を盆のようなもので集めに来る。外出員はこれを団門に預けてから八列縦隊をつくって海軍道路を行進し、海兵団のほうからいえば第二関門に相当する稲楠門の前を通過すると、そこではじめて自由行動になる。夕刻は各自が単独行動で門限までに戻って来ればよいのだが、このとき、団門際の衛兵所の前に据えられたテーブルの上に載っている自身の名札を、うっかり分隊へ持って帰らないと大変なことになる。つまり其処に名札が残されていないということが、外出員が分隊へ戻ったという証拠になるわけなのだから、最後まで衛兵所に名札が残っていれば、遅刻かまたは脱走とみなされて直ちに捜索が開始されるのである。

＊2　長井屋は高架線上にある京浜電鉄駅の真下にあったので、発車の度ごとに吹鳴される警笛を、私たちは何度かサイレンと聞き誤まった。警報が出れば分隊へ駆け戻らねばならなかったので、私は脚絆《きゃはん》も取らなかったが、さすがに集会所などでは味わえない寛《くつろ》ぎがあった。長井屋にいた時間は十一時すこし前から五時ちかくまでであったから、自分では幾ら控えめにしていたつもりでも、私はかなり沢山のものを食べていたのだろう。またまた下痢が始まっていたし、此処にいた間にも一度激しい吐瀉をしたことを記憶していた私は、この日記によって、分隊に戻ってから後にもまた吐瀉したことをあらためて知った。

しかし、私でなくても、兵隊であって七十余日ぶりに家族と面会すれば、誰でも少しくらいの暴食をすることは寧ろ当然だろう。そのこと自体は、すこしも珍しいケエスではない。ただ、下痢気味になって幾度か階下の後架へかよっていた間に、私の肉体は不思議な変調に見舞われはじめていた。私の眼の周囲はぽおッと赧《あか》らみ、吐く息は熟柿《じゅくし》臭くなって、呼吸もいささか困難になっていた。私は分隊へ戻ってから教員室へ外出札を返しにいくと、教班長から「ゴキ（御機嫌）いいじゃないか。一杯やって来たな」と言われたが、私はもともと全く飲酒をたしなまぬ人間である。が、それにも拘《かか》わらず、私の肉体がそのとき、泥酔時におけるとほとんど全く同様の現象を招来していたことは事実であった。私の消化器中にあった食物が自家醱酵していたのである。それが、私の肉体の上にはじめて認められた、栄養失調症の前駆的症状であった。

一月八日　月

○九・一五、大詔奉戴《たいしょうほうたい》の記念式ありたるも不参。第三教班の班務[*1]代理となる。夜、配[*2]乗者氏名を呼びたるも、また残留と決定。きんし二〇本配給、四六銭。

＊1　班務は班長の補佐、または代理をつとめる。一〇〇分隊機関科教場は二等兵ばか

りで、一等兵が殆《ほとん》どいなかったから、私は進級早々こんな役を仰せつかることになった。

＊2　配乗がある時には、大抵その前夜、一〇〇分隊主任附の下士官が来て、配乗者の氏名を読み上げた。この時もし受診中であれば、その旨こたえると配乗は取り消される。この日は、私の名が呼ばれなかったので残留となったわけである。

一月九日　火
正午すぎ空襲（警報）ありて、防空壕に待避。母より来信。

一月十日　水
直子、光好よりそれぞれ来信。チリ紙二帖配給。

一月十一日　木
功績事務室へ＊作業に出ることになる。佐藤晃一君より来信。

＊これまた高橋主任教班長の好意ある取計いによるものであった。私は教員室へ呼ばれて、「お前は小説家だから、字がうまいだろう」と言われた。

誤解を避けるために書いて置く。私は自分が小説を書くことを恥としたことはないが、軍隊へ行ってまでそれをヒケラかした覚えだけはない。われわれは分隊の所属が変る度ごとに「身上調書」というものを書かされた。その時にも私は常に「会社員」と記入し、勤務先として実業教科書株式会社の名称を挙げて置いたが、その当時、私はすでに幾篇かの愚作を発表し、自著と称すべきものも若干もっていたので、万一にもそれが露見した場合の誤解を恐れるあまり、その種の記入をも怠らなかった。しかし、「身上調書」に一度でも職業を記入してしまえば、後は筒抜けである。私が他の兵隊の前身を知っていたように、彼等もまた、私がブンシのハシクレであることを知っていたであろう。教班長に小説書きであることを知られていたのは当然であった。私は実際、自分の書く文字に自信がなかったので、この時にも正直にその旨を応えたのだが、教班長には取り合ってもらえなかった。そして、私はともかく一たんは、功績事務室へ通っていかねばならぬ仕儀に立ち至ってしまった。しかし、私が其処へ通っていったのは、この日をふくめて僅かに三日間だけであった。四日目からは教班長に泣きついて勘弁してもらった。

　功績事務室は八兵舎の二階にあった。行ってみて私は驚いたのだが、兵隊は私一人で、あとは全部下士官であった。二、三人は兵長級もまじっていたかもしれない。いずれにしろ、私はまったく雑魚《ざこ》の魚《とと》まじりであった。しかし、私が四日目からそこへ通っていくことを忌避したのは、『シラミと兵隊』という課題で小説を書けと命じられた時、すでに一切の特権的な待遇を拒否しようと決心していた、それを自ら実行に移したまでにすぎなかった。

作業の内容はきわめて楽なものであった。兵隊各自の勲功を記入するカアドを作製する作業で、渡されたカアドに兵隊の氏名、生年月日、入団年月日、兵籍番号などを、与えられた原簿によって誤りなく叮寧な文字で記入すればよいのであった。氏名のクサカンムリを「艹」と書かずに「十」を二つ横にならべて書けというような制約はあったが、活字を見慣れている私には造作のない仕事であった。しかし、下士官連中が大きな火鉢のふちに足をのせながら番茶を啜《すす》っている場所からはるかに離れた片隅で、かじかんだ指先をこすりこすりGペンを握っていることにも、私には耐え難いものがあった。火の気一つない機関科教場の板の間にゴロゴロしている病兵にしても、ロクな人間がいるとは考えられなかった。なんとかして作業をサボり、なんとかして戦地や実施部隊へ送り出されまいとしている、怠惰で卑劣な、どこにも取柄のない連中ばかりではあったが、すくなくとも彼等は何一つ特権を与えられていないということにおいて、私にははるかに親近感があった。私は前者であるよりも、自身を後者に属する人間にしておいてもらいたかった。こんな場所で小説家あつかいはゴメンだという気持が強かった。

一月九日（消印）佐藤晃一氏よりの書信。

なるたけ屢々《しばしば》お便りすると申しあげておきながら、執務の都合でそれもできず、始終心にかけながら今日に至りましたが、先日新井政一君*がこちらへ来て、思いがけず、御様子を詳しく知ることができましたような次第。あるいはと懸念していましたことがその通りになっているとは、何とも申しあげようもございません。頑健な身体なくしては御奉公もかないませぬわけ、気を長くお持ちになって、細事にこだわらず一日も早く御回復なさいますよう。

奥様にもすっかり御無沙汰してしまいました。一麦君ずいぶん大きくなったことでしょう。近く戸塚へお便りしてみます。私は相変らず無事元気です。


*この新井政一君なる人物のことがなんとしても思い出せなかったので、このたび佐藤君に問い合せたところ、左のごとき返書を受けた。

武山海兵団時代に大体毎日そそくさと書きつけていた「メモ」を調べましたところ、十九年十一月一日に「野口は横団一一〇にいる」、二十年一月三日にドイツ語で「父、妻、野口にハガキ」とあります。そして新井氏については、同室者の氏名を列記した頁に「荒井政一、横二補水一九四六八、明治四四年十月二日生、芝区神谷町一八、父福松」の記載があるだけです。私たちは横国水とか横国主とか呼ばれていましたから荒井氏は遅れて私たちのところ（武山海兵団研究部）へ来た人です。眼鏡をかけた、浅黒い五尺四寸くらいのおだやかな人でした。がっしりした肩つきだったと思います。

佐藤君はこの返書の後にも更にもう一通ハガキをくれて、二十年四月二十日に東京駅で荒井君と逢ったことを知らせてくれたが、要するに応召中私宛てにくれたハガキの新井が荒井の誤りであることが判明した以外、佐藤君にも荒井君と私との関係はわからぬ様子であった。おそらく一〇〇分隊か、その前の一一〇分隊か、どちらかで私と一緒だった人が武山海兵団へ転勤になり、偶然私の名が出たところから、佐藤君は私の容態を知って、この書信を寄せてくれたものであろう。それにしても、歳月の経過は恐ろしい。荒井政一君という共通の知人を、佐藤君も私も、二人とも失念してしまっているのである。

一月十二日　金

功績事務室に行く。一雄君より来信。夕刻、靴下紛失者ありて騒ぎ、夜分、半靴紛失者出でたるため罰直*などありて、就寝せしは十時頃となる。

*海軍に総員罰直は附きものである。この分隊でもバッタアは免かれなかったが、前に

いた一一〇分隊のように、下士官や兵長の「楽しみ」にされるというようなアブノマルなものでなかったことだけは気持がよかった。この日など靴下と半靴の紛失者が出ているのだから罰直があったのは当然である。就寝が十時ごろになったと記入されているところをみると、巡検後の罰直であったわけだ。

機関科教場の二階の居住区は、その半分の面積を私たちの分隊が占め、表階段に近いほうの半分には四分隊が入っていたが、両者の間にはなんの仕切りもなく、われわれはあたかも一つの居住区に起居していたようなものであった。こうした場合、ともすれば両者の優劣が比較されがちになるのは当然の結果であったが、現役兵によって編成されていた四分隊のほうは年齢も若く、私たちのほうは三十歳以上の病人分隊で、海軍流の表現を借りればテレンコテレンコしていたから、それがまた罰直の原因になりがちであった。どちらか一方でバッタアが始まると、他方でも対抗上それに看ならう結果になったが、やはり打撃の本数には格段の相違があった。四分隊の一〇に対して、私たちの分隊は四ぐらいの比率でしかなかったようである。二〇本ぐらいバッタアを喰っても歯を喰いしばって、兎《と》に角《かく》それに耐えている四分隊の連中に私は舌を捲いた。同時に傷ましさを感じずにはいられなかった。

一月十三日　土

午前、功績事務室に行く。夜分、新兵一一一名入り来りたるため、兵舎混雑をきわむ。*脚気の気味にて心配となる。

＊十二月十五日に入浴中「やせたなア」と言われ、一月七日の上陸日に下痢と吐瀉をして身体の異常を自覚していた私は、この日また脚の膨みを発見している。親指の先で、スネのあたりを圧してみると、第一関節の辺りまでポコンと窪んでしまった。私の栄養失調症は、いよいよ第一期症状に入っていたようであった。

一月十四日　日
第三教班の班務を命ぜらる。直子より小包とどく。手袋その他なり。

一月十五日　月
午前三時厠に起き出でたるところ、休業患者[*1]にて呻吟《しんぎん》せる者あり。見かねて水を給す。朝七時、にわかに容態あらたまりて病室へ担架にて運び込みしが、十分ほどにして息を絶つと聞く。午前中、八兵舎にしつらえられたる葬場[*2]へ新兵十名を引率して行き、午前三時半より再び八時まで通夜をなす。

＊1　毎月一日、十五日に召集されていた第二国民兵も、この月だけは元日でなく、すこし遅れて五日あたりに入団したように記憶している。この患者は十三日に機関科教場へ送り込まれて来た百十一名の新兵の一人で、おそらく身体検査の時にひき込んだ風邪から急性肺炎に冒されていたものと思われる。素肌へ上着と下帯一本で裸足のまま半日引き廻されるという身体検査の方法は、十二月、一月というような寒い季節に入ってから後も改められていなかったので、風邪ひきの患者が激増していたのは当然の結果であった。機関科教場でも、配乗不能の新兵を一度に百十一名も受け入れたというのは珍しいことであった。

この夜も冷え込みから厠に起きた私は通りすがりに高い呻《うめ》き声を聞きつけたので、患者の額に手を当ててみるとひどい高熱であったから、すぐに不寝番を呼んで水を汲んで来させて、それを飲ませてやった。患者は私の腕の中で一言「済いません」と言ったが、思えばそれが末期の水になったわけである。

新兵——殊に地方出身の病み慣れぬ患者の大半は辛抱強いというよりも、バカ遠慮をしたために自ら死を招いてしまったが、それにしてももうすこし軍隊が人命を尊重していれば、この患者のような死だけは未然に喰い止めることができた筈である。また、眼の前で呻吟している者を認めながら、介抱してやろうという一片の人間的感情すら持ち合せなかった不寝番の非情に対しても、私は憤りをおさえかねた。海軍の兵隊に戦友意識はまったくないということを、私はこの折にも痛感した。

＊2　一〇〇分隊は三ヵ所に分散していて、本部は主任附と呼ばれ、八兵舎にあった。その居住区の外れに三坪ほどの物置のような一室があって、霊柩は其処に安置され、分隊の当番が通夜をする慣例になっていた。私はこの日、教班長の命を受けて十名の新兵をその通夜に引率して行ったのである。

日記によれば、私は午前と午後の二回通夜当番をした様子で、たぶん日没後になってからのことであったと記憶するが、厠に立って戻って来てみると、霊前に供えてあった五袋ほどの菓子包が二袋ばかり減っている。マズいことになったなとは思ったが、私は黙っていた。するうちに衛兵伍長（軍隊の巡査）が廻って来て、これを発見されてしまった。「長《ちょう》は誰かッ」と尋ねられたので、私は仕方なく「平井一水であります」と言って立ち上った。ここで私は、頸の周りに数珠のホリモノのあった千葉県八街《やちまた》の遊び人と、まったく同様の立場に立たされた。私は新兵の眼の前で、みごとに四つ五つアゴを取られた。カッカッと、乾いた音が天井にひびいた。

アゴを取るというのは、拳骨で相手の頬桁《ほおげた》を力まかせに叩くことであるが、この場合には、「口をむすんで脚をひらけ」と命令してから叩く。そうしないと、唇の端が切れたり、一撃の下に相手が倒れてしまって、所期の目的が達せられないからである。菓子を平らげてしまった新兵たちは後で私に謝罪したが、なぜか私はまったく怒る気になれなかった。後になってから考えてみると、自分も喰べたくて仕方がなかったからだったということに、漸く思い当った。

一月十六日　火
朝食後、昨日死亡せる大場健君の葬場に赴き、九時半兵舎に戻りたるところ風邪気味となり、床に就く。夜、八時、気分わるくなりて吐瀉。

一月十七日　水　　六・二　五八　六・六　六二
食慾なし。医務室へ受診にゆく。出勤つづくも、薬はノルモザンよりアドソルビンにかわる。昼、母より来信。夜、ひかり二箇、きんし十本配給。風にまじりて粉雪降る。寒さきびし。

一月十五日（消印）母よりの書信。
其後は御元気の事と存じます。こちらも皆ぶじ故御安心下さいませ。
直子から小づゝみ御送り致しましたが、御受取りになりましたか。ひものついているのはおなかまきですからひえないようなさいませ。さむさもきびしい故体を大事にして下さい。

一郎から便りがありました。青森からでした。丈夫で居ります故、御安心下さいませ。又お便り致します。御身大切になさいませ。

一月十八日　木　　六・〇　五六　七・三　六四

左舷上陸ありて、その留守を手旗にて暮す。忽《たちま》ち腕がだるくなる。午後、靴下*の修理をなす。

*官品か私物か不明だが、いずれにせよ兵隊たちは袋状になっている靴下の中へ石鹼函を入れて、その空洞の部分を利用しながらつくろいものをした。誰が案出したのか、この方法によると針で指先を突くことがなく安全であった。

一月十九日　金　　六・四　五八　六・七　六〇

午後より功績事務室*に行きしところ一四・三〇警報吹鳴。直ちに退避。一五分後に解除となる。夜、配乗者調査あれど、また漏れる。

*功績事務室の文字が出てくるのは六日目ぶりである。たとえ軽業患者とはいえ、自分の勝手でこれほど長く休める筈はないから、この日は先方の要請によって臨時に狩り

出されていたのであろう。

一月二十日　土　　　六・四　六二　　六・八　六四

午前中十三兵舎へ黒坂兵曹を訪問。朝食後俸給[*]一六・八〇受取る。

＊二等兵当時の六円五十銭から、一躍二倍半強に昇給したわけである。こんなところにも、上に厚く下に薄い軍隊の一面があった。

一月二十一日

半舷上陸。長井屋[*1]へ金久保一水と直行。ほどなく直子が一麦を連れて来り、すぐ後から母が姉[*2]と来る。姉とは入団後はじめての面会なり。時間いっぱいまで長井屋に落着く。

＊1　七日の上陸の折に、私は家族の者と今度は集会所でなく、いきなり長井屋で会おうと約束してあったので直行した。金久保一水とは特別親しくしていたわけではなかったが、先任者なのでなんとなく同行し、家族の持参したものなどを食べさせたのだと記憶する。金久保一水は三十分ほどいただけですぐ引揚げて行き、後は水いらずになった。私はすっかり記憶を失っていたが、この時にもまた食べ過ぎて下痢をするか、

気分が悪くなっていたらしい。その間の事情を伝えるために、またまた時日が前後するが母宛ての拙便を続けて次に挿入して置く。
＊2　直子の記憶によれば、私と別れた後で警報が出たため、横須賀市内の巨大な防空壕へ退避したことがあり、その時には確かに姉が一緒であったというから、間違いなくこの時であろう。姉が面会に来たのは、この時だけであった。

発信者・横須賀市若松町三七[*1]　名取清

一月二十三日附母宛の拙便。

先日はまたまたお寒いところをお出かけ下さいまして有難うございました。何にしろあの折はあんな工合だったものですから、自分でも心配しながら帰ったのでしたが、この前の折よりはずっと気分もよく、こちらに戻ってからはどうということもありませんでした。あの折は四五日前から腸の工合を悪くしていたものですから、特にいけなかったのです。昨日あたりからはもうすっかり平常の調子にかえって元気に致しておりますから御安心願います。

四日にはまたお出かけ下さいまし。その折、白の木綿糸を少々で結構ですから忘れずに持って来ていただきたく存じます。黒坂さんからよろしくということでございました。こちらへ持って来た物は大丈夫でした。今度も大丈夫だと思います。[*2]

＊1　これまた偽名である。

＊2「こちらへ持って来た物」とは、一箇々々セロファン紙に包まれたバタア・ボオルのようなアメであったが、私は脚絆でふくらはぎの所を締めつけているズボンの膝の部分へそれを二十箇ほど忍ばせながら団内へ持ち帰って、自分の班の新兵に分配してやった。食物にかぎらず、外部から何らかの品物を持ち帰る場合、団門の衛兵に見附かると取り上げられてしまうので、こんな苦心を必要とした。物資不足の銃後にむかって、「今度も大丈夫だと思います」と書いているところが如何にも物欲しげで、当時の私の無神経な強慾ぶりを如実に物語っている。

一月二十二日　月　　六・二　六六　六・六　六二

診察を受け、出勤つづく。ノルモザンとアドソルビンとを併用するよう大野軍医より言わる。夜、分隊費一〇銭支出。就寝後、警報二回発令となりたれど退避なし。

一月二十三日　火　　六・三　六〇　七・二　六四

病室にゆきたるも日誌なし。黒坂兵曹に手紙を依頼す。夜、今期配乗者の健康調査＊あり。

＊兵隊を移動させる場合には、大てい前夜あたり、主任附の下士官が来て、立附《たてつけ》という

ことがおこなわれた。『標準海語辞典』によって「立附」の項をみると、「或る作業を実施するに当り、人員を整備し、要具を携帯し、何時でも著手《ちゃくしゅ》することが出来るようにすること」とある。つまりこの人員点呼に名を呼ばれた者は配乗の予告を受けたわけで、配置先が外地であれば死を覚悟せねばならなかった。われわれは、常にこの恐怖にさらされていたわけである。ただ、他の分隊の場合はいきなり配乗立附がおこなわれ、その翌日あたりポイと何処かへ出されたのに反して、一〇〇分隊は病人分隊であった関係上、一応健康調査という段階を踏むところだけが相違していたわけであって、軍医から全治と診断されていれば「健康」と応えるよりほかはなく、直ちに配乗の手続がとられる点では、他の分隊の場合と何らの変りもなかった。

一月二十四日　水　　六・八　六二

午前五時厠に起き出で、水を飲みたる帰途、物に*蹴躓《けつまず》きて右顔面（頬骨の辺り）を強打す。火花の散るをおぼえたるほどなれば時を経るにしたがいて腫れはじめ、うっとうしさ加わる。午後、兵舎にすごす。雪十分間ほど激しく降りたれど直ぐやむ。

*明るくなってからふたたび其処へ行ってみると、地中に深く打ち込まれた杭《くい》らしいものが、僅か二センチたらず頭を覗かせていた。私がそんなものに躓いて転んでしまっ

たというのも、十三日の項に脚気と記入されている浮腫が足の裏にまで来て、歩行の自由を欠きはじめていたからである。転んだ拍子に顔面を打ったのは、ポケットに手を差入れていたからであろう。私は内出血の痛さは苦にしなかったが、その傷痕のために外出停止にされることをひたすら恐れた。

教班長や軍医から、誰かに殴られたのだろうと幾度もたずねられて釈明に苦しんだが、海軍ではバッタアは半ば公許されていながら、部外の人間の眼に触れることをおそれて、顔面に傷を負わせることだけは厳禁されていた。「アゴを取る」場合に唇をむすばせるのも、相手に対するいたわりのためではなく、殴っても証拠さえ残さなければいいという卑劣な精神の顕《あらわ》れであった。

一月二十四日附、田宮虎彦氏よりの書信。発信地・杉並区阿佐ヶ谷四ノ九六六　河合氏方

君がだまって征くものだから、一等水兵になってもお祝い差上げられなくて失礼しました。毎日猛訓練でしょうね。小生も貴兄にくらべると体格すごく優良故、すぐに特等水兵になれそうな気がして、赤紙眼の前にちらついて来ました。

戦争も大変ですが、銃後も大変になりました。ほんとにどうなるか、必死で思念を働かせねばならない時です。貴兄も充分御自愛なさって下さい。

ことしはとても寒いですね。小生は肝臓剤をのんで、やっと消光しております。では

いずれ又かきますが。

＊私と同年齢の田宮君も「青年芸術派」のメムバアの一人であったが、私とは彼が東大の学生であったころから相識の仲であった。呼吸器疾患をもっていた田宮君は、この時分、気胸を続けていた筈だが、まさかと思っていた病弱な私までが海軍にとられてしまったことから、強いショックを受けたらしい。このハガキの文面は冗談めかして書かれているが、敗戦直後に逢った時の言葉の様子では、甚だ心やすからざるものがあったかに見受けられた。それほど、私の当時の健康状態は誰の眼にも頼もしからざるものとして受取られていたわけであったが、田宮君にかぎらず、私と同世代の者は誰も彼も召集の恐怖を身に感じ、且つ心を痛めていたわけであった。陸軍にとられた田村泰次郎君の壮行会は大阪ビル地階のレインボー・グリルで催され、私も出席したが、田村君は私が声を掛けると「これでもう、ぼくの所へ赤紙が来る心配はなくなったですよ」と言いながら、人なつこそうな笑顔でニコッとした。田村君も私とは同年齢である。

一月二十五日　木

風邪気のため兵舎にすごす。顔面の腫れ加わる。

一月二十六日　金

右顔面の腫れややひきたれども、紫色のアザ残る。朝、洗濯。夕、入浴。

一月二十七日　土

黒坂兵曹を訪問す。

☆待避の時刻その他、空襲については何ひとつ記されていないが、銀座その他の都心部が被災したのはこの日である。『被害一覧表』によれば、空襲の時刻は一三・五〇から一五・〇〇に至る白昼で、有楽町、銀座、築地、京橋、上野、小石川、飯倉、三河島、日暮里その他の被害戸数一、四五〇。罹災者四、二九六名。二十八日の空襲時刻は二二・〇〇で、駒込方面から日暮里にかけての被害は五二四戸。一、九一六名となっている。

一月二十九日　月

引率外出にて行軍あり。二等兵と行動を共にし、春日神社、大津森崎練兵場を迂回して十一時集会所に至り、四時まですごす。肴飯*、カレーライス、雑炊を食べて帰る。

＊この場合もおそらく空腹感よりは団外の味覚に惹かれたのだと思うが、如何に一人前の量が少なかったとはいえ、よくもこんなに食べられたものだと不思議でならない。一等兵以上になると単独外出がある関係上、毎月三、四枚の外食券が渡されていたが、私は外出のたびに家族と面会していたので外食券が余っていて、この折にも自由に食べられたのである。但し集会所の食堂で米飯が食べられたのはこのころが最後で、後にはすべて代用食になってしまった。

二等兵には外食券が渡らなかったので、行軍や引率外出の折には、海兵団から弁当を持参していったが、この弁当の飯は、烹炊所で分隊のオスタップに入れてもらって来て、こちらで詰めることになっていた。オスタップというのはタライのことで、木製のものも金属製のものもあったが、いずれにせよ裸足で入浴にいって来た足を洗ったり、デッキ掃除の掃布をすすいだりするタライには相違なかった。私はそのことを思い出すと、行軍後の空腹時でも、条件反射的に食慾が半減した。弁当の副食は、ほとんど常に小女子《こうなご》の佃煮にきまっていたようなものであったが、これは美味であった。私が応召中口にしたものの中では一ばん美味であったかもしれない。

一月三十日　火

新兵受領のため、兵舎はほとんど空となる。夜、煙草（ほまれ一、きんし一。三〇銭）の配給あり。風邪気味となれるも大したことなし。顔面の傷は恢復せり。

一月三十一日　水

新兵受領作業員外出のため、兵舎はほとんど空となる。静かなり。

二月一日　木

風邪気味となり、下痢あり。煙草盆にて黒坂兵曹にあい、十三兵舎*に流脳発生のため七日まで外出どめとなりたる由をきく。警報発令。

＊十三兵舎と私たちの機関科教場とは一〇メートルぐらいしか離れていなかったので、流行性脳炎発生による外出止めの聞き込みは、三日後に上陸日を控えていた私をギクリとさせた。

二月二日　金

警報発令。入浴あり。

二月三日　土
午前も午後も舎内にて体操をなす。風邪気味なれば気分すぐれず。きんし一、ひかり二、配給あり。

二月四日　日
○七・四五上陸。長井屋に直行。約一時間ほど待たされ、母と一子来る。昨夜から母か直子のいずれかが来ぬような気がしていたのだが、果して一麦の風邪がうつりたる由にて直子来らず。赤飯、白米、焼豚、飴、干柿、ドーナツ、揚パン、自製ビスケットなどに舌鼓を打つ。今日はサクラ炭を持参してもらったので大いに助かる。いつもより早く、四時頃長井屋を出て、稲楠門に集合す。[*1] また胃の気分あしくなり、兵舎に帰りて二〇・〇〇――二一・〇〇の不寝番に立つ。[*2] 今冬の母は元気の様子なり。嬉しく思う。

＊1　この日は一等兵に進級してはじめて外出した分隊員がいたので、われわれは朝から時間を打ち合せて置いて稲楠門の所へ集合し、一緒に兵舎へ戻った。私の最初の上陸の折にもこの方法が執られた。そうしてもらわないと、未経験者には、団門の所で外出札を受取る時の敬礼の仕方などが分らないからである。

＊2　私はこの翌日から横病へ入院することになり、母は私の入院中の二月二十六日に

急逝したので、私が母の顔を見たのはこの時が最後になった。この日にかぎって、「今冬の母は元気なり」というような文字を日記に書きつけているのも皮肉だが、東京から新聞紙に包んでサクラ炭を持って来た母は、焼網や醤油まで持参して私に餅を食べさせてくれた。母がその餅を入手したルウトは不明だが、直子の記憶によれば、母はこの面会の二日ほど前に、直子が行くというのを振り切って、自身で何処やらへ餅を取りに出掛けていった。そして、何時間かの後に帰宅した時には、玄関先の式台へ腰を落したまま口もきけぬほど蒼白になっていたとのことである。結果からいえば、母の死を呼んだ疾病の最初の徴候はこの時にあったわけだが、翌朝はもう床をはなれて、すっかり元気になっていたとのことであった。

横須賀海軍病院

二月五日　月

青Dの診察日なれば医務室にゆきたるところ、鈴木軍医官より[*1]お前は以前からそんなに痩せていたかとの質問に接し、手足のシビレと膨みを愬《うった》えしところ、送院との言渡しあり。この[*2]前の入室の折の経験もあるので、重ねて芳賀兵曹にたずねれば入室なりとのことなり。体重――四二キロ（概算十一貫二百匁弱）――を取りて兵舎に帰り、午後より入室準備をなし、朝日奈、藤井両君に送られて医務室に行く。ところが今回は以前と反対にて、直ちに送院を命ぜられ、めんくらいながら四名の要担[*3]患者の先頭に立ち、計七名の入院患者とともに横病にむかう。午後の陽光うららかに射し、昨日の今日なれば何かこの運命を信じがたく感ず。第五病舎に収容さる。患者日誌には次のようにある。

胸部笛声音出没　左右下腿軽度浮腫アリ　「アヒレス」腱反射膝蓋腱《しつがいけん》反射亢進　「シビレ」感アリ　下痢三行アリ　依ッテ本日栄養失調症に転症セリ

血圧最高一一〇粍《ミリ》　最低九〇粍　測定ニ困難ナリ（この文字のみ赤インク）

上記症状ニ依リ団内療養不適ニ付本日横病ニ送院ス[*4]（第二種症）

以上が海兵団医務室の診断であるが、横病の診断は次のようである。

入院時現症

診スルニ体格中等　栄養衰フ　体温三六・五度　脈搏八〇至　顔面蒼白　可視粘膜稍《やや》貧血　舌白苔ヲ衣シ咽頭粘膜常　胸部著変ヲ認メズ　腹部稍膨満柔軟ニシテ右腸骨窩部ニ軽圧痛アリ　左右下腿ニ軽度ノ浮腫ヲ認メ同膝蓋腱反射「アヒレス」腱反射常知覚異常ヲ認メズ　便通本日ナシ　食思不振

5/1　呼吸数計測止メ

〃　粥食
〃　消化散中
　薬用酵母　三・〇 ｝一日分三
　毎食後服用
〃　VB[*5]一・〇mg　皮注毎日

夕方、院内愛国寮にて慰問演芸ありと聞き毛布をかぶって出かけしところ、打木茂君の来場せるに逢う。映画は右太衛門の大岡政談（丹下左膳ではなく、もっと無稽のものなり）とやらいうものにて、その中間に浪花亭綾太郎が臨時出演して有馬猫騒動の枕を語り、再び前の映画を上映、最後にニュウズ映画があった。病室は満員のため通路に寝かされ、ひどく寒い思いをする。風邪気味加わる。

＊1　団内医務室で受診する場合、われわれは二月初旬というような酷寒の季節でも、一たん廊下で上半身だけ素裸になってしまってから靴を脱ぎ、一人ずつ交替で中へ入っていった。医務室の内部では七、八名の患者が立膝の中腰で自身の順番を待機しており、二名乃至《ないし》三名の軍医のうち、手すきになった所へ進み出ることになっていた。私はそういう姿勢で待機していたとき、チラリとこちらを振り向いた鈴木軍医から、「おい、そこの痩せているの」と手招きで呼び寄せられた。瞬間、私にはそれが自身

のことだとは分らなかったが、何時ごろから痩せはじめたのかと質問されて、十二月中旬、入浴中に分隊員の一人からそのことを指摘されたと告げた。その一言で、私の送院は決定されてしまったのである。

＊2　入院と言われてもなお私が入室の聞き違いではないかと疑って、医務室附きの芳賀兵曹に問いただしたのは、前回の経験に懲りていたばかりではなく、前日上陸した時にも、自身の健康状態にかくべつ急変があったとは感じていなかったからである。しかし、落着いて考えてみれば、それまで私が送院の処置を執られずにいたことの方が、却って不思議なほどであった。すくなくとも私のその当時の健康状態で、通常の軍隊生活を送ることは、どう考えても無理であった。

＊3　要担患者とは、担架へ載せて搬送せねばならぬ重症者の意味で、私の収容された第五病舎（内科病棟で五病と略称）には、日を追うにしたがってクルップ性肺炎の要担患者が充満していった。彼等の大半は実施部隊から担ぎ込まれて来る若い志願兵で、寝台へ移される時分には小鼻が落ちるほどの重態に陥っていた。特に新兵の場合、彼等の辛抱強さとバカ遠慮とがみずから墓穴を掘るような結果を招いていたのだが、同時に彼等の受診を妨げていたものは班長であり、上級兵であった。

　診察を受ける時には、分隊事務室で受診票というものを貰い受け、班長の捺印を経てから医務室へ行って然るべき手続を執るわけだが、われわれはそういうコオスを経て軍医の前へたどり着くまでの間に医務室の衛生兵を含む上級兵に、平均五回ぐらいは殴られることを覚悟せねばならなかった。タルんでいるとか、横着だとか、殴りつける理由は幾らでもある。そのうえ班長によっては、容易に受診を許可しない。そういう幾つかの障害が積み重ねられて彼等を重態にしてしまうのであったが、せっかく入院をしても、手当はきわめて不充分にしかおこなわれなかった。

衛生兵は葡萄糖のアンプルを切って、ラッパ飲みをしていた。白衣の天使と言われていた看護婦は舎内の掃除から食事はこび、患者の身の廻りの世話に至るまで一切を私たちのような低熱患者に押しつけてしまって、検温や回診の時以外には絶対に病室へ姿を見せなかった。私は高熱で全身をガタガタ震わせている患者のために、湯を詰めたビール壜を湯タンポ代りに抱かせてやった。絶息した患者の屍体を毛布にくるんで担架に載せてやった。そんな時にも看護婦は指一本触れずに、私たちの指図をしているばかりであった。私は彼女等の酷薄さを忘れるまいと思った。毛布にくるまれた屍体は、多い日には五体ぐらいも冷たい風の吹きぬけていく通路の床に置き放たれてあったが、みな馴れっこになっていて、誰一人合掌をして通り過ぎていく者などはなかった。私は入院中、こんな所で死んでたまるかという言葉を、何べん自身にむかって言い聞かせたかしれない。

＊４　第一種症は戦傷、或は戦病。第二種症は内地における通常の疾病。第三種症は花

柳病その他、自身のまねいた疾病。

＊5　愛国寮というのは、簡単な劇ぐらいなら上演できる程度の舞台をもった講堂であった。見物席は畳敷きで、機関科教場などと同様、焼夷弾よけのために天井板が取りはずしてあったので寒さがきびしく、患者は悉く白衣着帽の頭上にすっぽり毛布をかぶって見物した。殊に私などは、熱気消毒に出すからと言って肌着から下帯に至るまで取り上げられ、サラシの白衣一枚にされていたので、演芸の中途から寒さがシンシンと骨身にこたえてきた。その上、この夜は病室が満員で通路の寝台に寝かされたのだから、忽ち風邪気味になってしまった。出演者の都合上、映画の中途で浪花節を聞かせ、また前の映画を中途から上映するなど、如何にも軍隊流である。愛国寮で邂逅《かいこう》した打木君は一一〇分隊当時、郵書の投函を託した人である。

二月六日　火

きんし三箇配給。午後、打木君来訪。診察あり。母と直子（連名）宛に手紙を出す。

＊団内病室では配給も何一つ受けられなかったが、病院では分隊以上に配給も潤沢であり、通信も毎日ゆるされた。その他あらゆる点で団内とは大変な相違があったから、患者はなんとかして入院を長びかせ、原隊へ復帰するまいと苦心惨澹《さんたん》していた。たと

えば体温計を毛布でこすって熱を上げたり、レントゲン撮影の折に「息を吸って、停めッ」と号令をかけられる瞬間、ふッと息を吐いて映像のピントをぼかすというような方法を執っていたわけである。戦争忌避の風潮は団内以上で、末期の軍隊の頽廃《たいはい》の頂点が其処にあった。

二月六日附、母と直子宛の拙便。　発信者・横須賀海軍病院第五病舎　平井冨士男

一昨日は毎度のことながらお寒いところを有難う存じました。お母様はいつもお元気で、ほんとに結構です。それにひきかえ私のほうは充分気をつけているつもりでもとかく病みがちで残念でなりません。昨日海兵団の病室に診察にまいりました結果、今度は俄かに表記のところへ入院というようなことになって、自分でも意外な気がしている次第です。

病名は此処へ書くことが許されませんが、御想像になるよりよほど元気なのですから、どうぞその点だけは絶対に御心配なさらないで下さい。こうして寝台の上に休んでいれば、今までよりはるかに早く体の調子もよくなることと存じます。しかし、十八日にはちょっとお目にかかる訳にはまいりそうもありません。これは一ばん残念なことですが、その次の機会もあることですし、何と言ってもほんとうの健康を取戻すことが一ばんなのですから、こうなった以上は一生懸命で恢復につとめたいと思っております。此処に

は何日ぐらい居ることになりますのか見当もつきませんが、それほど長いこともないでしょう。(大急ぎで御返事がもらえれば受取れると思います。)とにかく入院していると申しましても、朝晩の掃除はできますし、食事も普通食が食べられるような状態なのですから御安心ください。

先日会った折から考えて、一子が今までとは随分変ったことにはほんとに驚いております。野菜をきらいな者には、野菜そのものの匂いがたまらないのです。それは私が魚をきらいだったことから考えてよくわかることですから、ほかの物とまぜてよく煮つめるようにして、これからもせいぜい食べさせるように注意してやって下さい。これは、一子自身も努力してもらいたいと思います。

直子と一麦の風邪はどんな風でしょう。何にしても今年は雨がすくないし、こんなに空気が乾いている時の風邪はなおりにくいのですから、部屋の中に湯気でも立てるように注意して下さい。今までの面会にはいつも来てもらっていたのに、今度だけ来なかったから、余計に心配になります。無理をせずに、光好さんに迷惑にならぬ程度で充分やすむように願います。私もきっと早くよくなるように努力しますから、みんな揃って元気になりましょう。

母上が戸塚へ行かれたら、なるべく昼のあいだにお風呂へ入られるように希望します。燃料などなくなったらなくなった時のことですから、あるあいだはどんどん焚いて下さい。そして、皆でおいしい物を食べて下さい。

此処からは毎日一通ずつ手紙が出せるそうですが、お友達で手紙を出していない人がいっぱいたまっていますので、この機会を利用したいと思っています。それで今度はもう三、四日たったら出すことにしますが、私の入院と聞いて母上が俄かに寝込んだりするような結果になるのではないかと、今はそれが一ばんの心配です。私は入院をしても、今までの私とちっとも変りがなく、「一昨日お目にかかった翌日入院した」のだということを必ずお忘れにならないで下さい。今の私はあの折のままの私なのですから、あの折の私から現在の私のことを御想像願えればよろしいのです。このことをあまりくどく書くと却って御心配になるかとも思わぬではありませんが、ほんとうのことを知っていただきたいために書いているのですから、そのまま文字通りに受取って下さい。それではお寒さの折から、皆さんの御健康をいのっています。渋谷の方へも近く便りができるかと存じます。

二月七日　水

昨日の診断によりVB1注射（毎日九時すぎに診察室へ出かけて打ってもらう）をなし、病的室[*1]へ検尿を出しにゆく。診断書には常食[*2]となっているのに、食卓に就くと今日から粥食になっている。腹が空いて困る。

＊1　「病的」のほかに「物理的」と呼ばれている医務室があった。前者は検尿、検痰、血沈など、後者はレントゲンなどの検査室である。

＊2　病院の主食は銀メシと呼ばれる精白米であったが、分隊とは違って食卓番は交替制でなく、番長以下の専任患者が独裁的に裁量していた関係上、患者にわたる食事はきわめて少量であった。私はずっと後になってからその原因を知ったが、番長は患者食の中から自分等の間食をあらかじめ削り取って置き、結局は処分しきれなくなって、下水のマンホオルなどに投棄するという愚行を重ねていたのである。働いているのは俺たちだ、寝ている患者に腹一杯食わせる必要はないというのが、彼等の考え方であった。このとき私が与えられた粥食も、軍医の「常食」という指定を無視した番長の独裁の結果であった。

なお、分隊の副食物は汁ものとはいえ魚と野菜のゴッタ煮であったが、病院の場合は液体の表面に顔が写るような文字通りの清汁《おすまし》で、底のほうに百合の根か玉ネギの切れはしなどが二、三片入っている程度のものであったから、消化はよかった代りに満腹感は望むべくもなかった。また、それればかりでなく、内科患者に対する投薬は判で捺したようにエビオス錠と消化散の二種類にきまっていたので、例外なく極度の空腹感に見舞われていた患者は、このうえ消化散など服《の》まされてはたまらないと言って、誰でもみな消化散を棄ててエビオス錠だけしか服用していなかった。患者の闘病は、疾病の克服である以上に、衛生兵や看護婦や番長をも含めた病院側との闘いであった。

二月八日　木

昨夜はひどい寒さをおぼえたが、果して朝めざめてみると今年はじめて見る降雪であった。三寸ほども積っているだろうか。温室のガラス屋根に積っている雪はボッテリしている。終日曇天で寒い。午後、病室の書棚から北条民雄全集の上巻を見附け出し、いのちの初夜と間木老人の二短篇を、かわいた喉を鳴らすような思いで読む。一五・〇〇茶碗に一杯のカルピスを給さる。入院後はじめての投薬あり。[*1]通路に昨夜まで十一名いた患者が次々と山田病院に移っていってしまったため、今夜はわずか三名きりとなる。ガラス戸をへだてた大室から病人の呻き声がきこえて来る。[*2]痛い、痛い、痛いよゥ、助けて下さアいという声が時には交尾期の猫のようでもあり、時には三、四歳の幼児の声のようにもきこえ、一夜じゅう寝苦しさをおぼえる。[*3]母と直子宛に連名の手紙を出す。

＊1　山田病院は伊勢の宇治山田にあった。このほか横病には湯河原、湯田中などにも分院があり、独立した海軍病院としては滋賀県の大津日赤、野比、戸塚その他があって、団内の分隊同様、横病でも、これらの分院や病院との間における患者の移動は激

しかった。移動を命ぜられた患者の出発時刻は、その前夜病室内の拡声機によって告げられたが、それはほとんど毎夜の行事のようなものであった。それほど、移動は頻繁に繰り返されていた。

＊2　私が寝苦しい思いをさせられたのは、モルヒネ患者がベッドの上に起き直り、上体を前後に大きく揺ぶりつづけながら、悲痛な声を張り上げて注射を要求しつづけていたからである。戦傷を受けた時に覚えた注射の味が忘れられず、完全な中毒症状におちいって、外傷が治癒してからあらためて内科病棟へ廻されて来ていた外科患者であった。

＊3　この第二便とも称すべき拙便も現存しているが、もともと前便だけでは留守宅の者の心配が消えないだろうという心遣いから書かれたもので、その内容が著しく前便と重複しているため、掲載は割愛する。私には、お互いに顔を合せる機会を奪われていただけに、自身の入院から母が心配のあまり寝込んではいけないという思いが強かった。

二月九日　金

入院の日以来はじめて便通あり。シラミのいるため下着を消毒に出してしまってふるえていたのだが、ようやく袴下を借りることができて人心地つく。徳田氏に手紙を書く。

庭の芝生の陽蔭《ひかげ》にはまだくっきりと雪が残っているが、陽当ぼっこをしていると小春のように暖かい。何と言っても、もう春が近づいているのだ。

二月十日　土

朝、分隊から田島教班長が私物の包みを持って来てくれた。先日から何度も看護婦に分隊へ電話を掛けてくれるように頼んだのだが、少しもかけてくれず、昨日偶然に通り合せた主任附の川本上水に頼んだのが通じたらしい。同時に母からの手紙及び一子と一雄君のハガキを受取る。母は先日の話の通り戸塚に引移ったとある。教班長が帰ったあとで私物の包みをあけてみると、純毛の靴下一足、罐に入れておいたタバコ四十本ほど、マッチ、洗濯石鹼、アスピリン、ヂセプタールなどが紛失しているのを知り、憤りを感じる。薬のなかでも特によいものを抜いた心には、実に不快なものが混っている。こんな行為をさせるものが何であるか、その原因を考えると一そう不快になる。明日の祭日にそなえて午後は大掃除あり。それの終りたるころ警報鳴り、防空壕に退避す。*来襲機は九〇――一〇〇とのことにて退避二時間に及ぶ。通路より大室の内部に移転す。

＊患者は待避のとき、かならず各自が毛布を持参して、防空壕の中では身体をくるんでいることになっていた。また、衛生兵の絶対数が不足していたので、患者を載せた担

架は、われわれが担いでいかねばならぬことがあった。一度、私も大佐だという患者を担いだが、あまり担架の上で口うるさく小言を言うので、途中で投げ出してやりたくなった。先方も病人かもしれないが、こちらだって病人だったのである。

二月十一日　日

紀元節。総員起し直後、素裸となりて体重を測定す。四〇キロ（概算十貫七百匁弱）。五日の測定より二キロ減ず。なお六日の診断にて軍医官は常食の命を出せるにもかかわらず今日まで粥食を給せられしため、祭日の菓子の配給は粥食者の故をもって1/2箇しか与えられず。ここにも顧きがたきものを感じる。つづいて烹炊所支給のみかん一箇を与えらる。午後散髪。午食は赤飯なり。警報あれど直ちに解除となり、一四・〇〇より愛国寮に慰問演芸あり。横須賀花月劇場提供ということであったが、曾我廼家《そがのや》九一郎一座とやらの漫才劇、浪花節はみなオソマツなものばかりにて、殊にも劇の下劣さはお話のほかなり。一六・〇〇散会。岡田氏に手紙を書く。夜、急性肺炎患者続々と入院。今年の寒さのため急肺患者の数が特に著しいのであろう。便通あり。

二月十一日附、母よりの書信。

拝啓。今日入いんをしたとの御便り受取りました。大した事でないとのよし、母も安心しました。体がわるくては御ほう公も出来ません故、何事にも気を付けて一日も早くよくなって下さい。又御目にかかれる日をたのしみに、私もかげながらおいのり申して居ります。

御たずねの姉もよくなりましたので、＊六日に戸塚へまいりました。日あたりのよい家でくらすようになった事をよろこんで、家中仲よくくらして居ります。直子、一麦も元気になりました故、御安心下さい。一子にも御手紙の事はよく申します。こちらの事はけっしてあんじずに、自分の体を大切にして下さい。くれぐれもたのみます。こんど御目にかかる時はそろって行きますから、あなたも元気なかおを見せて下さいませ。さむさがきびしい故、気を付けて下さい。又お便り御待ち申します。

＊母は私が応召してしまって一麦が淋しがっているだろうということを口実に、前から九段を引き払って戸塚の家へ移りたいと言いつづけていた。それが実現されたわけである。しかし結果的には、私の留守宅へ死にに来たようなことになった。

二月十二日　月

○九・○○院長の院内点検ある由にて大掃除を行いたるも、警報のため点検はなく、午食後階下より階上に移転を命ぜられ、ようやく常食となる。チリ紙配給、六銭。一雄君に手紙を書く。一七・二〇愛国寮に於て慰問映画あり。恤兵《じゅっぺい》映画「かっぽれ」（笠置シヅ子の「ラッパと娘」）及び独乙《ドイツ》映画「勝利の歴史」であったが、映写中警報のため解散となる。

二月十三日　火

朝食のとき田島教班長の来訪ありて、一種軍装と貴重品が届く。ただちに甲板長に所持金のうち¥一六〇・〇〇預ける。毎朝、朝礼に奉唱する療養五訓を写しておこう。*

一、我等ハ療養中ト雖《いえど》モ軍人ノ本分ヲ忘レザルコト。

一、我等ハ病ヲ克服スルノ信念ヲ樹《た》テ療養ニ専念スルコト。

一、我等ハ療養ノ裡《うち》ニモ明日ノ御奉公ヲ念願スルコト。

一、我等ハ療養ノ恩沢ニ対シ報恩感謝ノ念ヲ捧グルコト。

一、我等ハ治療ノ掟ヲ厳守スルコト。

なお、安静時間は午前九時より十時、午後一時より二時までであるが、安静時間中とペンキで書かれた札には、「読書、談話、絽刺《ろざし》ヲ禁ズ」と注意書きされているが、絽刺などしている者はこの時間以外にも見当らない。診察ありたれば風邪気にて物の臭いのせざるを愬《うった》う。

＊この甲板長はむろん患者で、たぶん上曹だったと思うが、白衣のくせに、略帽でなく第一種の軍帽をかぶっているのが自身の階級をヒケラかしているようで、気障でいやみであった。

二月十四日　水

曇天にて寒さいちじるしきため右手先と両腿、特に右腿の外側に強きシビレを感ず。水をひたしたる手拭を押付けられたる思いなり。一三・〇〇入浴あり。バスに行く途次、レントゲン撮影に来りし新兵の院庭にたむろせる姿を見かく。裸にて寒げなり。午後、投薬あり。散薬となれるは風邪薬が混ぜられしならむ。毎朝あった便通が今日は見られず。佐藤君に手紙を書く。

日附不詳、佐藤晃一氏よりの書信。＊

御無沙汰致しました。その後お元気で御勤務のことと存じます。御様子は新井政一君から聞いて大体承知しておりますが、お気を長く強くお持ちになって一日も早く元通りにおなりください。春の近いことが思われ、暖かくなりさえすれば御調子もぐんとよくなるだろうと想像し、又それを祈っております。
奥様にも暫く御無沙汰、きょう申訳ばかりのエハガキを書きましたが、勤務の都合でなかなか筆を持つ暇がありません。菅藤《かんとう》（高徳《たかのり》、筆名・木暮亮《りょう》）さん、豊田さん、福田（恆存）さん、山口（年臣）さん等々どこにどうしておいでかと案じていますが、何の消息もありません。いずれ又。

＊このハガキには日附も消印もないが、機関科教場宛てに差出されたものに、横須賀海兵団召集兵事務室の附箋が貼附されて横病へ回送されているので、ここへ挿入した。

二月十五日　木

昨夜はなかなか寝就かれず、夜中にも何度か眼がさめてしまったので、今日は午前中をベッドの上にすごす。病院[*1]の日常もなかなか忙しく、眠る暇はない。朝食後、髭を剃る。今日は面会日[*2]とみえ、階上にも階下にも面会人の姿を見かける。羨望にたえず。午前中より大機動部隊来襲の情報ありたるも大したことなく、一三・〇〇警報発令、一四・三〇解除となる。夜、名古屋病院[*3]よりの転院者多数ありて、寝台に二人寝る。

＊1　海軍の舎内日課は、掃除の一事に尽きるといっても過言ではない。病院においては特にその傾向がいちじるしく、掃除は毎日六、七回もおこなわれた。私は低熱患者であったから、そのつどベッドから飛び起きて働いた。眠る時間がないと書いている

のはその意味である。但し、分隊のように掃布を持って走り廻ることはなく、通路も病室も箒《ほうき》で掃いてからモップで水拭きした。

＊2　面会を許可されるのは、第一種症の戦傷病者に限られていたようである。現在私の手許にある留守宅宛ての入院中の郵便物を見ると、封筒にも便箋にも「面会及飲食物の送附ヲ厳禁ス」という赤いゴム印が捺されている。つまり、私のような第二種症の患者は面会の無資格者だったわけである。

なお、病院には文房具類などの小売商人のほか、市中の写真屋なども出入りしていて、私も通りがかりに撮影を勧誘されたことがあったが、郵送して家人を心配させぬためには、もうすこし元気になってからのほうがよかろうと考えているうちに機会をうしなってしまった。私には、軍服の写真もない。

＊3　硫黄島帰りの患者がどっと入院して来たことを記憶しているが、たぶんこの時であったろう。いずれも戦線から脱落した栄養失調症の患者で、黄疸にでもおかされていたのか、彼等の顔色は妙に黄色ッぽかった。海軍で栄養失調症という病名が「不《ふ》馴《じゅん》化《か》性全身衰弱症」と改められたのはこの時からで、私の病名も、無論それと同時に変更された。私が大日本帝国海軍「不馴化性」患者の第一号ではなかったまでも、草分けの一人であったことは確実である。

この日記には「寝台に二人寝る」と書かれてあるが、実際には、二つのベッドを寄せ合せて三人で寝た。以下の出来事について何らの記入もなされていないところからみると、或はこの日ではなかったかもしれないが、そんなふうにして寝ていた私たち相互の身体の間隔は、随分せまいものでなければならなかった筈である。が、それにもかかわらず、私も向う側の患者も、中央の患者が絶息したことをまったく知らずに眠っていて、翌朝めざめてから驚いたことがある。鈍感さを嗤われても仕方がないが、それほど不馴化性——即ち栄養失調症患者の死が安らかなものであったことも事実であった。私の体温が低く、脈搏数が減少していたことについては前にも触れておいたが、これは不馴化性という疾患の特徴的な症候であって、この種の患者はそれだけ生命力も稀薄になっており、たとえば蠟燭の灯が燃え尽きるように静かな死の経路をたどっていくというのが、一般的な症状のようであった。

なお、遺族の方方の心中を考えて、私はしばらく執筆をためらったが、やはり思い切って書いておくことにする。「巡検終り、煙草盆出せ」という号令はこの病舎でも掛かったが、私はその時刻に煙草をすっていたとき、硫黄島帰りの兵長の一人に、硫黄島みたいな最前線にはバッタアはないんでしょうと尋ねると、「冗談じゃない。毎日あったよ」と言下に応えられて自身の不明を恥じた。南海の孤島に玉砕した「勇士」が、死の直前までバッタアを喰らっていたという事実をもわれわれは忘れてはなるまい。

二月十六日　金

昨日の情報は果して事実となり、〇七・〇〇――一〇・〇〇、一〇・四〇――一四・〇〇、一四・五〇――一六・一五、一六・三〇――一七・二〇というふうに、殆ど終日にわたりて空襲警報の発令あり。そのあいだを防空壕にすごす。ために食事も三度とも壕内にてなす。朝、握り飯一箇、午は乾パン[*]五箇（但し坐っていた位置の関係上、三箇ぐらいしか渡らず）、夜、握り飯二箇。

*この時の乾パンは将校用のもので、形も通常のそれよりはるかに大きく、味も兵のものとは格段の相違があった。乾パンというより、概念的にはビスケットの部類に属するものであった。三箇ぐらいというのは、形が崩れていたので、合計の分量を言ったものである。

二月十七日　土

昨夜、拡声機にて前触れありし通り本日は〇五・〇〇起床にて第一配備[*1]となり、〇七・一五警報発令、〇九・二〇いったん解除となり、病舎へ一服しに戻ったが、〇九・三〇再び警報、一二・〇〇解除となりたるも午食のため壕を出でず。一三・〇〇、三度発令、一四・〇〇解除となる。外に出てみれば陽光まぶしく寒ければ、警報出でざるも壕に戻りおりしところ、食事のため一五・三〇病舎に呼び戻さる。昨日より*2はじめて食卓に就き、はじめて副食をあたえらる。厠にゆきてみれば尿色黄味を帯び、足はむくみ、胸に息苦しき圧迫をおぼゆ。母、直子、幷《ならび》に姉、一子同封の手紙及び徳田氏のハガキと同時に光好君差出しの小包便を受取る。小包は文藝春秋十月、十一月号、オリザニン末一壜、干イモと焼菓子少量なり。就床後警戒警報ありたれど、そのまま待避せず。

＊1　防空体制は第一配備から第三配備にまで分類されており、その情報によって、われわれは退避したり、退避を控えたりしていた。『東京大空襲秘録写真集』によれば、「昭和二十年二月十六日、正午と夕刻に艦載機の攻撃を受けたのを皮切りに、翌十七日七時三十分より」「九時間にわたり来襲せる米機は延一〇〇〇機で、各所に被害を受けた」とある。

＊2　この日記を見ると、私はそれまでベッドで食事をしていたようである。しかし、階下にいた頃から私が率先して舎内掃除に出ていたことは留守宅宛ての手紙でも明らかであるから、食器も食卓番の手をわずらわさずに、自身で運んでいたのであろう。

二月十四日（消印）徳田一穂氏よりの書信。

御ハガキ拝見、うれしく存じました。その後如何《いかが》かと案じていました。一度横須賀へ出かけ度く思いつつ容子《ようす》がはっきりしないので、思いだけでそのままになっていました。お宅には御伺いいして奥さんに御迷惑[*1]な御ねがいばかりして恐縮に存じています。一麦さん、いつも御元気でなによりです。一月の十三日夜、トラックで鎌倉の義姉の家（義姉の長女が五月に特攻隊の関大尉と結婚しました）に父のものや寝具など一部運んでおきましたが、家が見当らず、家族は未だ森川町にいます。この問題はなかなか思うにまかせぬのがどこの家でものようです。

「縮図」は二十日過ぎになるそうです。私は見ませんが、小山の人にきくと見本一部出版会に出したものなかなか見ごとで、今時このように立派な本と、少々しかられた由です。なにはともあれ、私はうれしく思っています。お宅へ一部御届けしますが、貴兄にもいろいろ御手数[*2]おかけして有難く感謝いたしています。病院で御読みになりたければ又御送りしてもとも思います。末筆ですが、御体いかがですか。心配しています。一月一杯で文報よしました。文学者は文学をやるのが当然です。

＊1　徳田さんはこのころ鎌倉への荷物疎開を計画して、牛車の斡旋を私の留守宅の直子に依頼なさっていた。父思いの一穂さんには、秋声先生の遺品を焼失したくない心がそれだけ強かったのであろう。先生の森川町の御遺宅は焼け残って、戦後東京都史

蹟に指定されているが、このころ一穂さんは、秋声先生が最後の病臥中に使用されていた、箸とスプーンを常に上着の胸のポケットに入れて持ち歩いていた。

＊2　戦時中の出版は許可制になっていて、日本出版会という機関へ事前検閲のために、企画届というものを添えて原稿を提出しなければならなかった。『縮図』の場合もその例外ではなかったが、私は、都新聞の切抜きをそっくり持っていたので、それを徳田さんに貸して差上げた。つまり、現在ではたった一部しか残っていない『縮図』の事前検閲に提出された原稿は、私が所持していた切抜きだったわけである。

二月十二日附、母よりの書信。*

拝啓。今朝戸塚で二度目の御手紙見ました。只今、九段へあなたの一子への御ちゅういの手紙をもって来ました。姉も一子も元気で居りますから安心して下さい。入院させていただいた事を心からよろこんで居ります。こんどこそは丈夫なあなたに御目にかかれる日をたのしみに、わずらうどころかなお丈夫になるよう心がけますから、あなたもおいしゃ様のおっしゃる事をよくまもって、少々おなかがすいてもしんぼうして直して下さい。私からくれぐれもたのみます。よくなればなんでもいただけます故、其のつもりで早く元気になって御ほう公をして下さい。

＊この手紙に記録性はまったくない。それをここに掲載するのは、おそらく本書における私の唯一の感傷である。これが母からもらった最後の手紙であった。

二月十八日　日

起床後ただちに体重測定あり。三九キロ（概算十貫四百匁）、この前よりも更に一キロのマイナスなり。一〇・〇〇大掃除。午食前診察あり。午後、四病舎へ打木君を訪ねる。一七・〇〇第三配備となる。一昨日と昨日の空襲は艦載機によるものにして延千余機という新聞紙の報道なり。そのうち百余機を撃墜せし模様なり。母と直子宛連名に手紙を出す。

二月二十一日（消印）留守宅宛の拙便。

十一日と十二日お差出しの御手紙ならびに光好さん名義で御郵送の小包は昨日全部同時に頂戴いたしました。九段からも徳田さんからもお便りがいただけたので、千客万来という気持で非常に嬉しく存じている次第です。

私の病状についてお知らせしたこの前の二通の手紙はどんな風に読んでいただけることやらとひそかに案じておりましたが、どうぞ御心配ないようにと申上げた言葉をそのまま御理解いただけて何よりに存じます。もともと私の体が寒さというものに弱く、暖かな時から暑さにかけて丈夫になってゆく体質であることは御承知の通りですから、これから先はどんどん恢復してゆくことだろうと自分でもそれをたのしみにしている次第です。この病院には、もうあとどのくらいの期間置かれますことやら、いずれにしても余日いくらもあるまいと存じますが、これから先はおそらく少し遠い所へまわされることになりましょう。

此処では毎朝の朝礼の時に療養五訓というものを奉唱いたしますが、その一節に、「我等は病を克服するの信念を樹て療養に専念すること」というのがあります。これを平たく言えば「病は気から」*ということでしょう。私もその気持で、これから先の療養に専念したいと思っている次第です。

昨年の終りごろからは新聞なども一週間に一度見るか見ないかというような状態がずっと続いておりますために、世間の様子もわかっているようないないような有様で、そちらの御不自由なことも大体の想像はしておりますものの、事実については何も知らないのと同様です。それにつけても、時時なにかと無心を申出る自分の我儘《わがまま》についてはしみじみ申訳ないと思い、小包便などを送って頂くたびごとに有難さを身にしみて感じている次第です。

今日の新聞で見ますと、昨日一昨日あたりの空襲は大変だったようですが、お変りはなかったでしょうか。こちらでも待避をいたしました。そして、そちらのことが心配でなりませんでした。どうぞくれぐれも注意して下さい。

この手紙の御返事がいただける時分には、おそらくこの病院にいなくなっていることでしょう。それでも念のためにお便りがいただければ倖《しあわ》せです。宛名が変りましたら早速またお知らせ致しますが、とにかく私は元気でおります。寒さももうひといきですから、ますますお体を大切になさいますよう祈っております。

＊母が風邪気を訴えて死の床に就いたのは二十三日のことだった由であるが、そんなことも知らずに「病は気から」と書いて送った私のこの手紙は病臥にあった母をひどく喜ばせ、何度も繰り返し読み耽《ふけ》っていたとのことである。私は、そんな言葉にすがりつくことによって自身をわずかに鼓舞しながら、誰一人看護してくれる者もない非情な環境の中にあって、闘病をつづけていた。

二月十九日　月

診察あり。正午より烹炊所の傍に出ている売店にゆき、洋服ブラシと胸に吊す名札[*1]とを買う。ブラシは二・〇〇、名札は二〇セン。一四・〇〇警報発令となりしため防空壕にゆき、壕内にて食事ののち、一六・〇〇解除となりて病舎に戻りしところ、加藤軍医官の来訪ありてレントゲン科に呼ばれ、飯田氏[*2]に面会を許さる。東京の話など伺い、一七・〇〇通路にておわかれして病舎に戻り、ただちに愛国寮へ映画見物に赴く。二つとも古い日活の時代物にて「松平長七郎」と忍術何とやらいうめでたきものなり。二〇・〇〇病舎に帰り、甲板掃除をして就寝。

＊1　入院中の患者には階級がなくなるなどと言われていたが、事実は到底そんなものではなかった。病院でもバッタアはあったし、白衣の胸に安全ピンで留めている名札には、誰も階級と兵科を書き込んでいた。

＊2　飯田敏文氏は父の学友で、東京超短波医療器株式会社社長であった関係上、軍医にも知人が多く、私を非公式に慰問してくださった。東京の様子をきかせていただき、あそこも焼けた、何処そこも焼けたという飯田氏のお話は、私を驚かせるばかりであった。お別れしてから愛国寮へ直行できたのは、加藤軍医官の取計いにより医務室で飯田氏と夕食を共にすることができたからである。私は当番の衛長に食事を運ばれて恐縮した。

二月二十日　火

昼食後、院長の院内点検にそなえて大掃除あり。高橋教班長、実教社員諸氏よりのハガキを御持参下さる。光好さんに手紙を書く。

二月二十日（消印）岡田三郎氏よりの書信。

発信地・麴町区永田町二丁目一番地　日本文学報国会

御手紙拝見。御入院の事は知りませんでした。どうしていられるかと常々思わぬではありませんが、忙がしまぎれに御無沙汰していました。何分人手不足にて、かつまた完全に一日執務も出来ぬ現状にて、歯がゆい思いです。伸六*は近く引取る事になりました。静岡でも子供が多く伸六まで手が廻りかねるらしいので、不自由乍《なが》ら東京で親子水入らずの戦時生活をしましょう。今日は簡単にハガキで失礼します。とりあえずという処。早く元気になって下さい。大分寒さも薄らぎました。では左様なら。

＊岡田さんの令息の伸六君は一麦と同年齢で、氏が年若い延子夫人を亡くしたのは十九年の六月であった。氏の出身地は北海道であるから、伸六君を疎開させた静岡は延子夫人の実家であろうか。のちに聞いた話では、岡田さんは幼ない伸六君の手を曳いて文報へ出勤していたとのことだが、この時分にはすでに徳田さんも豊田さんも退職して、文報の建物も間もなく焼失してしまった。

二月二十一日　水

午前の安静時間中に呼ばれてレントゲン科へ撮影にゆく。警報二度あれど避難には至らず。情報によれば、硫黄島に米軍が上陸したとのことなり。午後、入浴あり。光好（手紙とハガキ）、一子、父より来信。床に就いて織田作之助の『月照』を読む。今日もまたいちじるしき寒さなり。光好さんの手紙によれば五十年ぶりの寒さの由にて、留守宅の水道も破裂せしとのことなり。

＊安静時間中には読書も禁じられていたが、この時間を除いては読書できなかったので、私はベッドの上で毛布を頭からかぶりながら、一瀉千里の勢いで読破した。

二月十七日（消印）光好よりの書信。

お兄さま。先日はお便りを有りがとう存じました。皆して拝見させて頂きました。御入院の御由拝見して、思いがけぬこと故おどろきました。充分に御養生遊ばして一日も早く御全快あそばしますように、心からお祈り申上げて居ります。

御母上様も御兄様が御病舎ですっかりお元気に御成りになるよう御望みでいらっしゃいます。何卒こちらのことは御心配なさらず、楽な御気持になってお養生なさって下さいませ。御母上様は御風邪一つお召しにならず、迚もとても御元気でいらっしゃいますから、御安心下さいます様にお願い致します。

一麦チャンは相変らずいたずらがはげしゅう御座いまして、御母上様もお驚きのようでございます。朝から晩まで私のところについております。丸で私の影のようで御座います。私のあるところには必ず一麦チャンがいらっしゃいます。このごろ、良く手伝いをして呉れます。お掃除から、防火用水の氷割りまでして下さいます。迚も可愛らしく成りました。今日は床屋さんに行って参りましたので尚更です。「お父さんお休みなさい」を家中ひゞき渡るような声をして、お兄さんのお写真の前でなさいます。私達の生活は、すべて一麦チャンを中心に展開されます。一麦チャンがいらっしゃるので、度々の空襲も明るく過して居ります。今のところ一同無事に日々を送り迎え致して居ります。

　今年は五十年ぶりのおさむさとか言うはなしでございます。毎日よく凍ります。水という水は凡《すべ》て氷と化してしまいます。お勝手の水道が破裂して了いました。朝から晩まで（夜も昼もなく）流れて居ります。水も無駄ですし、こんな時ですので尚更こまります。人手不足故、直しに来るまで相当日数がかゝるらしいのです。エビナさん（留守宅の筋向いにあった医院）では一ヶ月もかゝってやっと直ったのだそうです。後一月もしたら余程らくになりますが、まだ〳〵中々。

　お兄さんもお寒い中、ほんとに御苦労様で御座いました。御苦労の程、心よりお察し申上げて居ります。御身体をくれ〳〵もお大切に、御快方を心より御祈り申上げます。

湯河原分院

☆このあと、二月二十二日から三月八日まで日記は欠けていて、九日から新しい手帳が使用されている。その間、二十四日と二十七日だけ、ほんの僅かばかり記入があるのは、後日になってから備忘のために書き込まれたものである。

二月十八日（二十一日消印）母宛てに差出した最後の手紙にも、私はもうあまり長く横病にはいないだろうと書いているが、果して二十四日の朝、湯河原分院へ転舎を命ぜられた。荷物はトラックに積み込まれ、われわれは大型の観光バスで横須賀駅まで運ばれて、大船から先は二等車に乗せられていったのだから、兵隊の身分としては大名旅行の部類に属した。よく晴れた暖かい日であったのに、車窓から残雪の風景を眺めていった記憶があるところをみると、その前日か或は前々日あたりにも降雪があったのだろう。

そう言えば、私には毛布カバアであったか、敷布であったか、とにかく、白い綿製品を担架に山と積んで、病院内の洗濯場へ搬送していった記憶がうかび上って来る。

白衣の裾を尻からげして、深い積雪に脚を取られながら歩いていって、腹の底まで冷え込んでしまったという感覚的な記憶があることに照合しても、おそらくその雪中であったことに誤りはあるまい。「よし、御苦労」と上等兵ぐらいの衛生兵にねぎらわれて、カラの担架をかついで戻って来たことも覚えているが、搬送の片棒をかついだのはやはり患者の一人で、衛生兵はただ私たちを引率していっただけであった。入院患者は、そんなふうに使役されていたのである。

湯河原の病舎はすべて旅館の建造物と設備とをそのまま流用したもので、大きな目ぼしい旅館は悉く海軍に接収され、小さな宿屋には疎開学童が収容されていて、赤ペンとか青ペンと呼ばれていた湯河原名物の娼家が、薬局や看護婦の宿舎に割り当てられていた。分院の本部は清光園、私が収容された十一病舎は翠明楼で、はじめ私が入ったのは階下の野天風呂に一ばん近い部屋であったが、そこに寝たのは一晩か二晩きりで、すぐ階上の部屋に移された。そんな細かいことをなぜ私が覚えているかというと、私が公電によって母の死を知ったのは二十七日の夕刻で、そのとき同室の小林政夫君から香奠をもらったという記憶があり、その小林君は階上にいた人だったからである。

湯河原へ着いてからも病舎の割り当てに時間を取られ、私が十一病舎に落着いたのは午後の二時過ぎになってからであったが、ここでも私は横病から来た者はシラミがいるからという理由で下着類を取り上げられて、またしても白衣一枚にさせられてしまった。拡声機によって「総員整列」の号令がかかったのはその直後のことで、食堂へ集合させられた私は忽ちバッタアの仲間に加えられた。理由はその朝、患者の一人が私物のスリッパアを紛失したということであったらしく、私は午後になってから到着した患者だから、本来ならばその事件とはまったく無関係であったのにもかかわらず、そんな理窟は通らなかった。肉が落ちていた上に、白衣一枚であったから、この時のバッタアは骨身にこたえた。

分院の空気はだらけきっていて、糜爛《びらん》状態にあった。軍医や衛生兵が本部に宿泊していて、看視の眼が行き届かなかったこと。病舎そのものが旅館の建造物や寝具をそのまま流用して、なんとなく軍隊らしい緊張感を欠いていたこと。烹炊所が病舎とは離れた町なかにあって、其処への往復時に民家との交流がおこなわれたことなども、彼等の精神の弛緩《しかん》をもたらす重要な要素になっていたのだろう。

私は此処へ移されてからはじめて、「病院ゴロ」とでも名づけずにはいられないような「白衣の勇士」を幾名となく眼のあたりにした。私が最初に入った部屋の室長は兵長であったが、彼は床の中で蜜柑《みかん》や乾燥イモを喰いちらし、私に一粒三銭の割で落花生を三個売ってくれた。彼は病舎を脱け出しては、町からそういうものを買い込んで来ていた。二度目に入った部屋には、結核の仮病患者で、かぞえ年十七歳だという志願の上等兵がいた。仮病で気胸療法を受けていたのだが、脇腹を抑えて、「痛え……」と顔をしかめながら部屋に戻って来る彼の姿は傷ましかった。海戦でボカ沈を喰らい、油の流れている海を一夜中泳いだあげく救出されたのだということで、その時の恐怖感が、彼を極度なまでの戦争忌避に突き落していた。そんな体験をもっていた以上、二度と前線へは送り出されたくないという彼の心中も首肯できたが、「欲しがりません勝つまでは」という、あの有名な戦意昂揚の標語をもじって、「出たがりません勝つまでは」という入院患者に共通の合言葉を私に教えてくれたのも、その若い上等兵であった。この合言葉の底に重たくよどんでいた厭戦の精神は、全入院患者の上に支配的であった。

最初の部屋は次の間つきの八畳であったが、二度目の部屋は六畳間で三つしか床が敷けなかったので、私は真中の夜具へ小林政夫君と二人で寝ることになった。小林君は慶応商工部出身の松竹社員で、戦後は東劇地下劇場から銀座松竹の支配人になったような人であったから、私とはすぐ親しくなった。しかも小林君は食卓番をしていたので、私は食事の面でも、彼には何かと便宜を計ってもらった。

二十三日に風邪気を訴えて床についていた母は、二十六日の午後十一時十五分狭心症で永眠したということだが、その死は留守宅の者にとってもまったく意外な出来事であったらしい。現に母は当日の朝も元気で床の上に起き直って、一麦を相手にモシモシカメヨの歌を繰り返し一時間あまりも教えていた。そして、夕刻九段でかかりつけた大久保四郎医博の往診を受けた時にも、ほんの風邪気だから心配は要らぬと診断をくだされていたほどであったという。しかし、母を静かに眠らせるために、故意に隣室へ寝ることを避けて妹たちの部屋へ行っていた直子が、ウーンというような呻き声を聞きつけて駆け寄っていった時には、すでに母の容態は急変していた。慌てて筋向いの蛯名《えびな》医博の来診を乞い、カンフルを注射してもらったのが最期であった。死の直前の激しい苦悶をのぞいて、単に時間的な点だけから言えば、母の死はそういう呆《あ》ッ気《け》ないものであったらしい。

湯河原の十一病舎では各室にラジオが備えつけられてあって、それが拡声機の受信機を兼ねており、すべての命令をキャッチする仕組みになっていた。私がそのラジオで自分の名を呼ばれて二階の診察室へ行き、看護婦から母の死を告げられたのは二十七日の午後四時ごろであった。看護帰省の申請は海兵団長宛てに提出されることになっていて、留守宅の者が私の本籍地の麴町区役所を通じて公電を託したのは、その日の早朝であったというのに、電報が海兵団から横病を迂回している間に時間が空費されていたのである。

私は、其処に唯一《ただ》人だけいた当直の看護婦から、いきなり「あんたのお母さんには前から病気があったの」と尋ねられてキョトンとした。それから「驚いちゃいけないわよ」と前置きして母の死を報らされたのだが、狐につままれたような思いであった。三週間ほど以前に面会した時の様子から考えて、私には母の病死ということが考えられなかった。そして、反射的に、母は空襲によって一命を落したのであろうと想像した。とすれば、母一人ではなく、留守宅の者も悉く死をともにしたのではあるまいか……。私はそういう危惧と不安とをいだかされたまま手早く着換えをすませると、看護婦から渡された赤十字の腕章を左腕に巻きつけ、外出許可証をポケットにねじ込んで、もう暗くなっている戸外へ慌《あわ》ただしく飛び出した。

停留所でバスを待っていたとき、留守宅が神田で罹災したという一等兵の患者と一しょになって東京駅まで同行したが、その前々日にあたる二十五日は稀に見る大雪のところへ大空襲が重なって、東京は山ノ手から下町一帯にわたる都心部の大半を焼失していた。『被害一覧表』によれば、投下爆弾二六一、焼夷弾数万、死傷者六七二名、被害家屋二〇、六八一戸、罹災者七六、二八五名という数字を示している。私が母の死を空襲に結びつけて考えたのもそのためであった。

九段の家に着いたのは七時半ごろであったろうか。九段へ直行したのは、東京駅前の公衆電話へとび込んで留守宅の安全を知ると同時に、母の遺骸がすでに戸塚の家を出て、間もなく九段へ到着することになっていると聞かされたからである。私は丸の内一丁目から早稲田行の都電に乗ったが、小川町あたりの焼跡にはまだ余燼《よじん》がくすぶっていて、黒い闇の中に鬼火のような火焔の明滅しているのが認められた。遺骸の到着が私より後になったのは、戸塚の葬儀屋から祭壇をまつらずに棺だけ売っては商売にならぬと頑張られたために、やむなく暗くなるのを待ってから、大ぶりのリヤカアに載せて出発したためだった由で、商人や配給所の専横には、すでに私の応召前から目にあまるものがあった。

家人は私の顔を見てよほど驚いたらしい。私は帰京の列車内でも一度モロに通路へ尻餅をついていたし、都電を降りて深い積雪の中を急いでいた時にも横転して雪まみれになっていたが、湯河原転舎当日の測定では体重が九貫台に減少していたのにも拘わらず、栄養失調症の第二期症状である浮腫は、すでに私の全身をおかしはじめていた。顔面はフグ提灯のように膨んで、腹部から下腿にかけては冬瓜のようにはちきれかえり、私は歩行の自由をまったく欠いてしまっていたのである。

その晩は仮通夜がおこなわれて、本通夜は翌晩であったと記憶するのは、徳田さんが通夜に来てくれて随分ゆっくり話のできたことを覚えているからである。とすると、告別式は三月一日に営んだ計算になるわけだが、施主の私はこの時にも二つの難題を持ちかけられて、ほとほと閉口した。葬儀屋からは、ガソリンがなければ霊柩車が動かぬと言われた。幡《はた》ケ谷《や》の火葬場からは、石炭をよこさなければ、いつ骨にできるか分らぬと言われたのである。

海兵団ならば三日間のところ、病人であるため、特に私が湯河原の分院から許されていた看護帰省の期間は五日間であった。それまでにはなんとしても骨あげをすませてしまいたかったので、私は背に腹はかえられぬ思いで、大協石油の企画課長（現在、同社長）の石崎重郎氏に電話をして、燃料を御都合していただいた。実業教科書株式会社に勤務する以前、私はやはり徴用のがれのために大協石油に勤めて、石崎氏直属の部下であった。ガソリンはないが、アルコールでも自動車は動きますよといって、無償でこころよく御都合してくださった石崎氏の御好意がなかったら、あのとき私の母の遺骸はどんなことになっていただろうか。火葬場で私たちの見せつけられた光景は酸鼻をきわめたものであった。リヤカアか大八車に載せてなんとか霊柩をそこまで運搬して来た人びとも、さすがに燃料にまでは手が届かなかったのであろう。砂利を敷きつめた火葬場の前庭には、遺族によって置き残されていった白木の棺が、四段にも五段にも積み重ねられたまま二百個ほども放置されてあって、下段のものからは紅《あか》黝《ぐろ》い液汁が流れ出て、すでに屍体の腐爛していることを明瞭に物語っていた。

私が医師の診断書を添えて九段下の憲兵隊へ届書を提出し、五日間の休暇を更に五日間延期してもらわねばならぬほど最悪の健康状態に陥ってしまったのは、通夜にひきつづいて、火葬場から新宿の寺へ廻って法要を営んだりしたために、疲労が積り積っていたからである。戸塚の家に戻ったのは、葬儀の一切をすませてから後のことであったが、それが何日ごろであったか、まったく思い出せずにいたところ、このほど『被害一覧表』によって漸く一つの手懸りを見出すことができた。それまで海兵団の堅固な防空壕にばかり入っていて、空襲の経験を直接もたなかった私は、戸塚の家が爆風のために家鳴り震動して少なからず肝を冷したという記憶を残しているが、『一覧表』を見ると、それは三月四日で、被爆地は巣鴨附近であることが判明した。このときの被害戸数や罹災者は二月二十五日の空襲にくらべてよほど少数であったのにも拘わらず、死傷者数が四〇〇名ほども上廻っているのは、前回のほぼ三倍ちかい七〇四個もの爆弾が投下されていたからであった。これで、三月四日には私が戸塚の家に戻っていたこともわかった。

私は戸塚の家でその爆風のすさまじさに驚きながら、留守宅の者にくらべれば、軍隊に置かれている自分のほうがはるかに安全な場所にいることを痛感させられた。横団では長野地区あたりに警報が発令されると待避していたし、その防空壕が堅固そのものであったことについてはしばしば繰り返した通りだったからである。

三月九日　金

光好さんにロータリー（戸塚二丁目）＊まで、幸子ちゃんに高田馬場まで、父には東京駅まで送られて、直子、一麦とともに湯河原へ戻る。

＊膨みは去るどころかいよいよ激しいものになっていたが、十日間の期限が来てしまったのでやむなく戸塚の家を出て、定刻の午後五時すこし前に湯河原へ着いた。列車が二十分ちかく延着したためにバスは満員で、漸く交渉したハイヤアで定刻ギリギリに本部へ到着したが、足下をみた運転手に要求された料金は法外なものであった。何処で見られていたのか、私は本部の衛生兵から「かあちゃんに送ってもらわなきゃ帰れないのかッ」と言って殴られた。「かあちゃん」とは、「かみさん」とか「かかあ」の軍隊語である。

本部の前で私の出て来るのを待っていた直子は一麦の手を曳いて十一病舎の門前まで送って来たが、私が一たん本部から引き返して来たのを見ていた一麦は、もう一度、私が病舎から戻って来るものと期待していたらしい。直子が「お父さんはまた兵隊さんに行っちゃったんでしょ。だからもう帰って来ないのよ」と言いきかせるなり、渓流の上にかかった橋の欄干をしっかり抱きかかえたまま、火がついたように泣きはじめて、私の名を叫びつづけたとのことである。「もう暗くなるから帰りましょう」と言いながら、直子も一麦を抱きかかえて貰い泣きしてしまったということを後になってから聞いた。一麦は私の帰省中にも、しばしば「お父さん、もう兵隊さんに行かなきゃいいね」と言い暮していた。

三月十日　土

*徳丸氏御夫妻、湯河原郵便局長御守諦氏と御同道にて御見舞に来て下さる。蜜柑と乾燥諸《いも》を賜わる。白衣の姿でお目にかかったが、午食の拡声機を聞いてお帰りになった。

*徳丸為平氏は千代田火災の辣腕外交員で、私は小学生時代から可愛がっていただいたが、氏は空襲以来、東京の本宅より湯河原の理想郷にある別荘で起居することのほうが多くなっていた。歌舞伎畑に顔がひろく、青年時代、逓信省に勤務しておられた関係上、氏は郵政方面にも多数の知己を有していたが、この時にも湯河原郵便局長の御守氏を通じて、十一病舎の翠明楼主人に伝手をもとめ、私を慰問してくださった。翠明楼主は旅館を海軍に接収された後も玄関脇の離屋に居住していて、私ばかりではなく、他の患者にも、こころよくこのような便宜をはかってくれていた様子である。

☆三月九日午後十時三十分警戒警報が発令され、十日午前零時十五分から二時三十分まで続行された夜間爆撃は、今次大戦中東京に最大の被害をもたらした大空襲であった。九段の家が焼失したのもこの空襲の折であったが、それを直子が知らなかったのは、九日の夕刻、私と湯河原でわかれてからのち、泣きじゃくっている一麦を慰めるために熱海へ廻って温泉宿で一泊し、翌十日、実姉の七五三子《しめこ》を沼津の古沢家へ訪問していたからである。

一方、九段で焼け出された姉と一子は一たん戸塚の拙宅へ避難して、十日ほど経ってから埼玉県の大宮へ疎開したのち、ふたたび麹町区内の一口坂《いもあらいざか》附近へ戻って来て二度目の戦災を受け、湯ケ島に疎開中であった親戚の許へしばらく身を寄せてから、更に豊島区の東長崎へ移って終戦をむかえた。

直子は十日の夜になって、沼津から戸塚の防火群長の家に電話の取次ぎを依頼してはじめて九段の焼失を知り、慌てて帰京したとのことであったが、この沼津訪問は、入院中の私の運命の上に意外な結果をもたらすことになった。

古沢一郎の父君林作氏には、現役の海軍中将で花島孝一氏という竹馬の友があった。その人に相談すれば衰弱の極に達している私の退院帰宅の途もひらけるだろうというのが林作氏の意見で、帰京した直子は当時小金井の教学錬成所に宿泊していた古沢一郎を訪ねて、一両日後に三鷹の中央航空研究所へ中将を訪問してみると、早速その場で中将の義弟にあたる加藤軍医少佐に紹介状が認めていただけた。その時の名刺も私の手許に現存しているが、花島氏の肩書は「中央航空研究所長、海軍中将、正四位、勲一等、功五級」であり、そこへ「平井直子君ヲ紹介申上候、湯ケ原海軍病舎、加藤十一軍医少佐殿」と達筆のペン字が記入されている。「湯ケ原」といえば私の入院している場所である。直子の喜びは如何ばかりであったろう。勿論、私はそれを知らなかった。

三月十三日　火

朝、徳丸氏より電話にて、九段の家の焼失を知る。十日早暁とのことなり。

三月十五日　木

父より来信。母の遺骨は無事と知る。

三月十六日　金

夕食後、徳丸家訪問の外出許可あり。* 診察室に外出許可願を提出。明日午前十時より午後一時までの由なり。

＊郵便局長の御守諦氏は湯河原分院長の碁敵であったところから、徳丸氏はまたしてもその縁故をたどって私の外出許可を取ってくださったのである。

三月十七日　土

当直看護婦の取計いで九時半に病舎を出発、徳丸家を訪問。お風呂をいただき昼食の御馳走に預かる。お土産をいただいて*一時半帰舎。本部近傍にて警戒警報を聞く。

*徳丸家に電話はなかったが、私はこの二、三日前すでに分隊長――病舎附の和田軍医大尉から二十四日に退院の予定と言い渡されていたので、そのことを報らせるために隣家の電話を借りて東京へ通じた。不在中の直子に代って電話口に出て来たのは光好であったが、彼女にとっては、私から電話が掛かったことも意外ならば、退院という報らせも一そう意外だった筈である。私も、古沢林作氏や花島中将のことをはじめて聞かされて、事の意外に驚かされるばかりであった。

　私の退院は、すでに二十四日と予定されている。それまでには一週間しかない。はたして直子の奔走は、その期間内に功を奏するだろうか。私の心は複雑なものにみたされた。そんなこととも知らぬ直子は、この日も林作氏と打合せをするために、一麦を連れて沼津へ出向いていたのであった。

　徳丸家から病舎へ戻る途上で、私は学校がえりらしい幾組かの小学生の群れに行き合せて、そのつど叮寧に頭をさげられた。はじめの間は無心に答礼していた私も、それが「白衣の勇士さま」に対する敬礼だと気がついてからは汗顔に耐えなかった。私は第二種症の患者で、彼等の送礼に価いするような武勲の所有者ではなかったからである。

三月十八日　日

午後一時より、本部三階大広間にて日曜大演芸会あり。毛布持参にて出席。会なかばの二時過ぎ呼ばれて十一病舎に戻り、モンペ姿の徳丸氏に伴われたる直子*に逢う。留守宅の強制疎開のこと、退院奔走のこと、東京の火災の様子などを知る。また沼津へ廻る由にて六時に戻る。

＊前日直子が沼津へ出向いたのは、花島中将に逢った結果を林作氏に報告するためであったが、沼津へはすでに中将夫人から郵書が届いていて、加藤軍医少佐に電話したところ、私の退院帰宅は十二分に可能だから安心してもよいという旨の吉報が入っていたので、喜び勇んで帰京した。ところが、その留守中に私から二十四日退院の電話が掛かっていたので、直子はこの日もまた方針を練り直す必要から沼津へ出直す途次、私の所へ立ち寄ったわけであった。

留守宅が強制疎開の命令を受けたのは、この一両日以前で、執行の日取りはまだ決まっていなかった。執行となれば、何処へ住居を移すべきか、直子の身辺はいよいよ多事をきわめていた。

三月十九日　月

朝食前に略服[*1]を借り、午前八時本部前に集合して、炭焼作業の柴運搬[*2]に山へ出掛ける。当直炭焼員四名。黒板に「鉈《なた》六名、鋸《のこぎり》十七名、シバ運搬二十一名、カレ木取三名」とあり、柴運搬に廻さる。昼は握飯。午後四時まで働き、腿に疲れを感じて帰る。

＊1　私は軍の物資不足のため、入団の時に略服（第三種軍装）を交附されていなかったので、所属が移る度ごとに、分隊備え附けの略服を気兼ねしながら借り受けねばならなかった。このことについては後述するが、その気兼ねは何時もまったくやりきれぬものであった。

＊2　山には粗末な掘立小舎があって、四名の兵隊が泊り込みで炭焼きをしていた。私たち四十七名の患者はその作業員に狩り出されたわけである。山山のふところには梅と桃が花盛りで、夏蜜柑も枝をしなわせており、そのむこうに伊豆の海が光っていて、戦争とは無関係な静かさをたたえていた。柴は重いというほどではなかったが、半日、薪の置場と小舎との間にある山道の登り下りを繰り返させられたために、腿の内側の筋肉が突ッ張ったようになってしまった。

三月二十日　火

退院に備えて洗濯[*1]。午後、通夜[*2]に行く。志願の上等兵にて、母堂は八日間看護せし由。

＊1　患者の入浴は、各自の判断にまかせて一日六回まで許可されていた。病室に火の気はなく、体重が減少して寒さに参っていた私は、これを最大限に利用して身体の保温に努めていた。それに、浴場で洗濯できることは何より有難かった。この時分にはさしものシラミも根絶されていたが、海兵団へ戻ると、忽ちもとのモクアミになってしまった。

＊2　十一病舎の翠明楼は静岡県側にあったが、葬儀場には、橋を渡った神奈川県側にある祭礼の会所のような粗末な建物が当てられていた。私はこの時にも通夜作業に狩り出されただけで、その死者の生前については何ひとつ知らなかったが、母堂は私を「戦友」だと思ったらしく、病状などについて何かと話しかけられてほとほと困憊した。八日間も看病させてもらうことができて、こんな有難いことはないと繰返し訴える母堂の言葉を聞きながら、私はその仏も、召集を受けなければ死を招くことがなかっただろうということを考えていた。

三月二十一日　水

過日の診断では退院予定であったが、実際には決定であるらしい。脱肛のため特診を受けて坐薬をもらう。

三月二十二日　木

雨。直子来らず。夜、きんし一箇、菓子の配給あり。

三月二十三日　金

午前十一時、*直子と一麦来る。六時帰る。

*病室ごとに備えられていた拡声機のマイクは、玄関脇の応接間にあった。私は「平井一水、平井一水、至急階下デッキに来たれ」と呼ばれて階段を降りて行ってみると、見ず知らずの兵長から「かあちゃんが来ているから旧館の二階へ行け」と耳打ちされた。「階下デッキ」とは、「階下の廊下」の意味である。直子は翠明楼主を通じて、その兵長に「ほうよく」（両切煙草）を二函わたしてあったのだそうである。旧館には、階下に看護婦の溜り場が一室あっただけで、階上はすべて空室になっていたから、私たちは落着いて面会することができた。

十八日の夕刻、直子は私とわかれてから沼津へまわって古沢家に宿泊し、翌十九日は林作氏と二人で朝から湯河原へ引き返した。ところが、本部へ訪ねていってみると、名刺に「湯ヶ原病舎」と書き込まれてあったのは花島中将の記憶違いで、下車駅はおなじ湯河原でも、加藤軍医少佐の勤務先はもう一つ奥の広河原だと言われてしまった。そのうえ停留所へいってみると、一日二往復しかないバスは出発したばかりのところだったので、やむなく広河原まで歩いた。これだけでも二人は相当に疲労していた筈なのである。が、しかし、せっかく広河原へ着いてみると、そこでもまた少佐はすでに熱海へ転勤になったと言われて、運のわるい時にはわるいもので、復路もまた二人はバスの出た後へ行き着いてしまって、またまた湯河原まで徒歩で引き返して来なければならなかった。わずかに不幸中の幸いとでも言うべきであったのは、林作氏の知人の経営する旅館が湯河原にあったことで、その旅館に宿泊させてもらった二人は、さらに二十日朝、熱海へまわった。加藤少佐はすぐその場で湯河原の分院へ電話を通じてくださったが、すでに私の退院は決定済みで、もはや如何ともすることができなくなっていたというのである。

　以上が徒労に終った奔走の概要で、直子にはその他にも強制疎開後の家族の身の処し方などについての相談があったところから、この日もまた私を湯河原へ訪ねて来たのであったが、この挿話にはもう一つ先がある。私を訪ねる以前に直子が、徳丸氏の別荘へ立ち寄ったのは、過日来のお礼を申し述べるためであった。ところが、お目にかかってそれまでの経過をお話しすると、強気な徳丸氏は、そういうわけなら自分のほうでもなんとか助力できるかもしれない、駄目でも元ッ子だから、もう一と押ししてみようと私のために最後の手を打ってくださった。

郵便局長の御守氏は、前にも言ったように分院長の碁敵であったから、徳丸氏は再びその手蔓をたどって交渉を進めてくださったわけであったが、その結果は、意想外な事態を展開することになった。

退院決定といっても相手は生ま身の患者である以上、一たん快方にむかった病状が悪化したり再発するという経過は幾らでもあることだから、再診断の結果、退院不能ということにすれば、今からでもこちらの希望する自宅療養の方向に切り換えることは必ずしも不可能ではない。そういう返事が、分院長から得られたのである。が、しかし、そこには一つだけ難関がある。分院長は直接患者を診察する立場には置かれていないので、十一病舎の分隊長である和田軍医大尉の承認を得なければならないのだが、湯河原在勤の軍医中でも、和田大尉は一ばんの難物である。それでも、及ばずながらなんとか説得してみるつもりだから、すこし待ってくれと分院長から言われて、徳丸氏は一たんお宅へ引き返して来た。——つまり、熱海でいちど完全についえ去っていた私の自宅療養に対する希望は、ここでもういちど新しい息吹きを吹き込まれることになった。和田大尉がたった一言「うん」とさえ言ってくれれば、私が湯河原から軍服を脱ぎ棄てて帰宅できる可能性が生じて来たのである。

分院長からは、待つほどもなく電話が掛かった。が、その結果はやはりいけなかった。「あの患者は、前方どおり二十四日に全治退院させます」と、和田大尉は応えたのだそうである。この一言で、私の運命は完全にきまってしまった。私はまた横団へ復帰して、軍隊生活を継続させられることになった。

和田大尉から全治退院と言い切られていた私の顔は、いぜんとしてフグ提灯のようにムクんでいた。私の脚は親指の先で圧すと第一関節のあたりまでポコンと窪んでしまった。黒々としていた濃い髪の毛は色艶をうしなって赤っぽくなり、頭の地も透けて見えるほどポヤポヤと疎《まば》らになっていた。直子はそれを見て、「こんな病人を引き留めて置かなきゃならないほど、軍隊には兵隊さんが不足しているんでしょうか」と涙ぐんだ。そんな健康状態に対する「全治」という和田大尉の診断は無茶を通り越していたが、もともと戦争そのものが、人命の尊さを無視しなければ遂行できない行為なのである。私は直子には言わなかったが、この身体で海兵団へ送り還《かえ》されても、何時まで生きていかれるだろうかと、危うく自信を喪失しかけていた。

三月二十四日　土
湯河原退院。午前八時三十分、本部前集合。十一*時五分発列車にて横須賀に戻り、夕六時、機関科教場にかえる。

＊入院の時と同様、衣嚢はトラックに積み込まれ、われわれはバスに乗せられて駅までいったが、列車の発車までには大ぶん時間があったので、番茶でも飲もうかと思いながら、私は駅前広場を横切って休憩所のほうへ近づいて行こうとしたとき、直子と一麦が遠くからこちらを見ているのに気がついた。前夜はおそくなったので、二人はまた湯河原へ泊った由で、私たちは人目を避けるためにすこし温泉場の方へ戻った所にある民家へ行って、茶菓子がわりの大豆を出してもらって憩《やす》んだ。直子はそこから私とは別行動をとると言ったが、私は患者ばかりで分隊としての行動ではないのだから構わないだろうと勧めて、大船まで一緒の列車に乗った。往路の二等車とは違って三等であったし、満員でわれわれは立っていたが、一麦は陸軍下士官の乗客に抱かれるとすぐに眠ってしまったので、大船で別れる時にも悲しい思いをさせずにすんだ。

横須賀からは衣嚢をかついで海兵団まで徒歩で戻ったが、同行の人数は五、六十名ぐらいであったように記憶する。私のように全治退院の者もあれば、軽回（軽度の回復）退院といって、帰団後も引き続き医務室の診察を継続する患者もあったが、大半は病室が満員のために、無理に吐き出されて来た患者ばかりであった。退院手続のために医務室でさんざん待たされたあげく、本部でもまた帰団後の所属を決められるために手間取っているうちに、長い時間が経過していった。入院に際して一〇〇分隊と縁の切れていた私は、兵科の本拠である三分隊へ送られるのが当然であったが、この時には、ともあれ一たん一〇〇分隊へ戻されることになった。機関科教場の教班長の顔ぶれもすこし変っていたが、分隊員のメムバアはガラリと一変していた。十三兵舎の黒坂兵曹も工廠のほうへ転勤になって、海兵団にはいなくなってしまっていた。

三月二十五日　日
夜、リンゴ配給。

三月二十六日　月
母の命日。夜、痔の出血あり。

三月二十七日　火
二分隊の三浦上曹より、*横病看護婦六名出演の上演台本執筆を依頼さる。同時に、三十日上陸の通知を速達便にて依頼す。高橋教班長の指示なり。

*私にはそんなものが書ける自信もなかったし、書こうという気もまったくなかった。

横病の看護婦の酷薄さに対する私の反感は、まだ消えていなかった。

三月二十八日　水

ほまれ一箇、配給。

三月二十九日　木

父より来信。戸塚の拙宅は[*]五月五日強制疎開のことを知る。

＊実際には四月五日の誤りであったが、父からの誤報のように五月五日であったら、拙宅は戦後まで残された筈である。宣告を受けて取壊しが実施されたのは拙宅のあった地域が最後で、次回に執行を予定されていた地域は、その間際になってから宣告を取消されて無事に終戦をむかえた。日本人みずからの手によって打ち壊しなどするまでもなく、敵の絨緞《じゅうたん》爆撃は容赦なく東京中を焼野原にしていった。為政者がもうすこし早くそのことに気がついていれば、私の家なども取壊されなくて済んだのである。

三月三十日　金

半舷上陸。秋山一機とともに横須賀駅まで行ってみたが、直子来らず。[*1]秋山一機から海苔《のり》巻《まき》とおはぎを貰い、加藤[*2]隼《はやぶさ》戦闘隊長の映画をみる。

*1　二十七日三浦上曹に託した速達は投函されなかったらしく、私の面会は不成功におわったが、海苔巻とおはぎを貰ったとあるから、ずっと機関科教場にいた秋山一機のほうは面会に成功したわけである。

*2　家族が来なかったために時間をもてあまして、映画などのぞいてみる気になったのだと思うが、映画劇場は集会所の二階にあって有料であった。入場料は十銭ぐらいであったと記憶するが、入場券は縦三〇センチ、横八センチ、厚さ二センチほどの、手垢で黒光りした大きな木札であった。

三月三十一日　土

新設の保健[*]分隊に宮島、秋山、田中、大久保等八名が移転していった。夜、ビール配給。

*横病にはもともと強羅《ごうら》保健班、久里浜保健班というような附属の施設があって、入院をさせるほどではないが、長期療養を必要とするような患者を収容していた。団内の保健分隊は、ほぼそれに準ずるものとして新設され、兵舎としては、もと黒坂兵曹のいた十三兵舎の並びにある、木造コケラ葺《ぶ》き平屋造りの十一兵舎と十二兵舎が充当さ

れることになった。この場所は、機関科教場とは一〇メートルほどへだてた真向いで、塀ひとつむこうには航海学校があった。後に私も保健分隊へ移籍して、その十二兵舎に収容されることになった。

四月一日　日

亡母の三十五日忌。二十九日附直子よりの来信にて、父より報らせ来りたる五月五日強制疎開は四月五日の誤りにて、末吉氏方*に転居のことを知る。

*もともと末吉家と拙宅とは一間半ほどのほそい道路をへだてた筋向いの位置にあったが、拙宅は戸塚町一丁目、末吉家は二丁目に属していたので強制疎開をまぬかれた。直子たちはこの家に移って二階借りの生活をはじめることになったが、その後間もなく末吉氏の一家は東北へ疎開したので、自動的に直子たちがその家の留守を預かるような形になった。

四月二日　月

〇三・〇〇――〇四・三〇待避。俄かに寒さきびしくなる。

四月三日　火
神武天皇祭。徳田氏より来信。「縮図」の製本は二月二十五日の空襲により焼失せしことを知る。

四月六日　金
夜、配乗立附《たてつけ》に名を呼ばれる。兵科の者は殆ど全部配乗になるらしい。「健康*」と答える。

*私の身体の状態はけっして「健康」ではなかったが、湯河原から全治退院して来た以上、「健康」と応えぬわけにはいかなかった。これで、私はいよいよ何処かへ配乗されるなと覚悟をきめねばならなくなった。

四月七日　土
○九・○○――一一・○○退避。

四月八日　日
夕刻、裸足にて入浴に行く途次、六兵舎脇にてトロッコ*のレールに打ち当て、左足親指の先に負傷。

＊海兵団では、防空壕から切り出される石を運搬するために、海岸の近くまでトロッコのレールが敷かれていたが、トロッコの数が少なかったので、やはり兵隊がモッコで運ばされていた。

この時の負傷は化膿して、私は随分ながく悩まされた。軍隊の食事は熱を通したものばかりで、果物の配給もほとんどなかったから、われわれはヴィタミンC不足になっていて、すこしの傷でもすぐに化膿した。

四月十日　火

六兵舎に於て配乗立附あり。鈴木君*も一緒なり。

＊母の友人に鈴木せんという人があった。お嬢さんの芳江さんは私の幼な友達であったが、この鈴木君は芳江さんの夫君である。四月一日入団の新兵であったが、混雑の中でもすぐ顔がわかって互いに会釈した。

召集は従前通り毎月二回ずつおこなわれていたが、海軍の収容能力は飽和点に達して、このすこし前ごろから新兵の入団はそろそろ邪魔もの扱いされはじめていた。

「仕様がねえな。こんなに沢山兵隊をとったって、廻す所がありゃしねえ」というようなことを、召集事務室の下士官たちは言い合っていた。応召者や涙で見送った家族こそ、いい迷惑である。そのためかどうか、私たちの応召当時のように実施部隊へ移される者はほとんどなく、新兵の大半は新しく編成された農耕隊に送られて、山嶽地帯の荒蕪地《こうぶち》開拓や松根掘りの作業に従事させられた。南方には豊富な資源があったが、輸送路を断たれた軍隊は松の樹の根ッこを掘り、それをグラグラ煮詰めて潤滑油の代用品を製造するという、苦肉の策を採りはじめていたのである。

四月十一日　水

三分隊[*1]に編入さる。機関科教場と運用教場よりの編入は一二〇名なり。非常[*2]なる混雑と兵舎の不潔さに閉口す。夜、夏みかん配給。

＊1　三分隊は海兵団における兵科の本拠であったから、病人分隊である一一〇分隊や一〇〇分隊を寄留地にたとえれば、三分隊は私の本籍地のようなものであった。したがって、私もはじめから病兵でなく、海兵団に残留していたとすれば、当然、この分隊に配置されていたわけである。その意味では、私のこの移籍は、里帰りのようなものであった。

＊2　三分隊の本部は三兵舎や八兵舎とほぼ同形同大の鉄筋の一兵舎にあったが、このとき私たちが収容されたのは、砲台と呼ばれている木造の兵舎であった。砲台は運用教場と同様、物置に使用されていたものを戦時中になってから兵舎に流用したらしく、収容力だけは大きかったが、窓もなかったので、舎内は昼間から暗かった。それに、外観が平屋のように見えるだけあって、無理に二階を設けたらしい形跡が歴然としていた。殊に階下は天井も低く、隙間だらけな板の合せ目からは容赦なく砂埃が落ちこぼれて来た。私たちはそういう階下の居住区で、烹炊所から例のオスタップに入れた飯を運んで来て食事をしたが、箸もなかったから、鉛筆で食べたような始末であった。

田浦山砲台

四月十二日　木

＊田浦山砲台作業員となり、徒歩にて午後六時、第一兵舎に到着。第一班に編入さる。班長、宇都木二曹。足のムクミ甚だし。

＊集合の時刻が記入されていないが、出発までには三時間以上も手間取ったと記憶する。湯河原から退院して海兵団へ戻って来た時にもそうであったように、軍はわれわれに次の配置先を言い渡す場合、不必要に思われるほどモタモタするのを常とした。滑稽なまでに秘密主義的で、その時にもわれわれは行進を開始する寸前まで自身の配置先を教えられなかった。

集合の人数は百名ちかかったが、それが三つか四つのグループに分けられて、他の連中は七里ヶ浜や小坪《こつぼ》などへ連行されたようである。私のグループは二十名ばかりで、先方から自転車で迎えに来た先任伍長に引率されて団門を出たのだが、黒眼鏡をかけた先任伍長からは「人買い」のような印象を受けた。このとき機関科教場から田浦山へ連れていかれたのは、私を含めて二名だけであった。兵舎はいずれも十五坪ほどの木造コケラ葺きのバラックで、山の中腹に六戸ばかり建てられており、烹炊所も洗面所も一〇〇メートルほどはなれた急傾斜の山麓にあったので、歩行の自由を欠いていた私には、それだけでも前途の難儀が想いやられた。田浦山は、横須賀線田浦駅の近傍にあった小丘陵である。

四月十三日　金

略服＊を借り、午後より作業に就く。夏蜜柑、桃シロップ漬、味附焼わかめ、浴用石鹼、粉石鹸配給。

＊私が入団のとき、略服を交附されていなかったことについても前に書いたが、この時にも、私は外出用の第一種軍装しか持っていなかったので、そんなものを着てお前は此処へ何をしに来たのかと、甲板下士官からお目玉を頂戴した。私はそれまでにも何度か海兵団内の被服庫へ請求書を出していた事情を説明して、漸くスリ切れそうになっているダブダブの色あせた略服を借り受けることができた。同時に地下足袋も借用したが、これもダブダブで仕方がなかったので、足首や甲のあたりへ幾重にもヒモを巻き附けて着用した。その足袋も古物で、指先や底がすり切れていたから、間もなく私は足の裏から出血して、ビッコを曳いて歩かねばならなくなった。重労働の上にこうした悪条件が重なったことは、ますます病兵の私を苦しめるばかりであった。

戦時中には全国の各地にわたって無数の飛行場が新設され、そのうちの相当数が未完のまま敗戦をむかえたことは周知の事実だが、田浦山砲台もその一つであった。この山の頂上からは、東京湾口が一望の下に俯瞰された。そこに大砲を据え附けて、敵艦隊の進攻を迎え撃とうというのが築城の目的で、われわれはその砲台の土台を築くための土木工事に狩り出されていたのである。工事はすでにその基礎過程をほぼ終了して、山頂には擂鉢《すりばち》形に掘り下げられた大きな穴がパックリ口を開け、兵舎とは反対側の山腹にはペトン打ちの資材を運び上げるケーブルも完成していた。もっともケーブルとは言っても、トロッコのレールを山腹の傾斜面に敷設しただけの粗末なものではあったが、その軌条の建設は難工事であっただろうと想像された。

われわれはまだ夜の明けきらぬうちに総員起しの号令を聞くと、そのまま洗面もせずに山を駆けくだって水雷学校の脇にある海岸まで行った。そこでリヤカアに石材を積み込んでから、一たん兵舎に一ばん近い山麓の道路の所まで引張って来て置く。そして、朝礼後大急ぎで朝食をすませると、また元の場所へ引き返していって、リヤカアをケーブルの出発点まで輓《ひ》いていく。これを一日中何度となく繰り返すわけであったが、この道路からケーブルの出発点に達するまでの三〇〇メートルちかい坂道が大変な難路であった。一人が梶棒を取り、八名ほどがその梶棒に結びつけた荒縄を輓き、二名ほどで後押しをしたが、リヤカアの木輪は角張った割栗《わりぐり》のゴロゴロしている悪道路のために八の字に開いてしまうので、更に二名の兵隊が、その木輪を手で廻転させながら喘《あえ》ぎ喘《あえ》ぎ登っていかねばならなかった。私の足の負傷もこの道路で負ったものであったが、あんな粗末なリヤカアが、よくもあれだけの重量とあの悪路に耐えられたものだと、今更のようにいぶかしまれてならない。

勿論、小休止はあった。兵隊たちは「休めえ」という声が掛かると、その場にヘタヘタと崩折れるように腰を落したが、私はある時、ポケットから『週刊朝日』を取り出して眼を動かしていると、いきなり強かに横面を張られた。私は自分にどういう落度があったのか見当もつかなかったので、ポカンとしていたが、その下士官は私の顔をにらみすえながら、「休めと言ったら休めッ」と大声で呶鳴《どな》りつけた。われわれは平常家庭にいる場合、食事をしながら新聞にざッと眼を通したり、頭休めのために週刊誌のページをパラパラとめくったりする習慣を持っている。そのリクリエーションの癖が、私にはこの時にもつい出てしまったのだが、そんな平常の習慣など軍隊では通らなかった。命令には絶対に服従しなければならない。それに、小休止それ自身が、兵隊に休養を取らせることを目的としていたのではなく、次の行動をより万全に尽させるための予備行為であった以上、非は「休めと言われて休まなかった」私の側にあったと言われても仕方がなかった。

リヤカアに積載する物資の内訳は、鉄材、セメント、石塊、割栗、砂利、砂など、その時によって相違したが、それらの運搬が一定量に達すると、私たちは山頂の現場へ廻されてペトン打ちの突貫工事に従事した。棒で追い廻されながら、セメントの袋を肩に担って走った。ミキサアに流し込まれる砂利や砂を手押車に載せて運搬するために、板張りの傾斜面を駆け登ってはまた駆け降りるというような労働が暗くなるまで続行された。この作業に出ると、鼻の頭から眉毛に至るまでセメントで真白になったが、一たん兵舎に戻るとヘトヘトに疲れてしまっていて洗面のために山をくだって行くのも億劫であった。

私がこの作業場にいたあいだ、毎晩意識して一度はかならず眼を覚ますように努めていたのは、横病に入院していたころ、隣り合せに寝ていた不馴化性患者が、他愛もなく安らかに永眠してしまったことを忘れかねていたからである。自分もあの患者と同病である以上、おなじ死の経路をたどらぬとはかぎらない。スヤスヤと眠っている間にこと切れて、このまま明日の朝は冷たくなっているのではないか……。私はそんなことを考えながら、毎晩あさい眠りに入っていった。朝になって眼をさますと、私には自分の生きていることが不思議でならなかった。それほど、私は毎日の労働に疲れきって、自身の肉体のおとろえを意識させられていたのであったが、同時に、その一方では、こんな所で死んでたまるかという闘志が、私自身の中に湧き起っていたことも事実であった。夜中に一度は眼をさまそうとする努力が、かならずしも苦痛ではなかったのも、そのためであったろう。

兵舎を一歩出ると、眼下に田浦の町を構成する家家の屋根が望まれ、山裾のあたりは梅と桃の花に紅く白くふち取られていて、その梢をかすめるように京浜急行の電車がけたたましい警笛を鳴らしながら走っていった。兵舎から山を下って田浦の町へ出るまでには、その京浜急行の軌道の下をくぐらねばならぬ所が一カ所あったが、私が配置されるよりも以前、作業の辛さに耐えかねて、その軌条で轢死《れきし》を遂げた兵隊もあったとのことである。

☆四月十三日の深更から十四日午前にかけて、東京はまたしても大空襲を受けている。皇居が炎上したのもこの折のことであったが、私の留守宅でもすぐ傍まで火の手が迫って来て、追われ追われた家族はけっきょく早稲田大学商学部の地下室へ避難した。避難中も爆弾の音が真暗な地下室の天井にいんいんと轟《とどろ》いて、恐ろしい思いをしたそうである。正門前の鶴巻町一帯は一望の焼野原と化したが、大学は無事であった。

四月十六日　月

平野一水と短入[*1]に行きし途次、集会所に立寄ってリンゴを買い、トンネルの傍の食堂で食事。但し平野に半分食べてもらう[*2]。

＊1　短入は短時間入湯の略称で、勿論、外泊が許されるわけではない。田浦山では作業は激しかったが、汗や埃を落そうにも水に乏しく、浴場の設備もなかったので、二等兵までが外出札を渡されていて、奇数班と偶数班とが日によって交替で町の銭湯へ行くことを許されていた。集会所に立ち寄ったと書かれているから、この日は珍しく作業が早く終ったのだろう。

＊2 平野一水に半分食べてもらったと書かれてあるが、私の食慾の減退には憂慮すべきものがあった。おそらくこの時にも半分はおろか、四分の一も食べられなかったのではなかったかと思う。私は兵舎の食事に至っては一箸か二箸しか食べられないような状態に陥ってしまっていたのだが、原因は過労による衰弱であることが明瞭であった。

私の属目《しょくもく》したかぎりで言えば、不馴化性患者の食慾は甚だしく旺盛で、前に書いた流し場の残飯を両手ですくって頬張っていた兵隊なども、おそらくは不馴化性患者であったに相違あるまい。彼等はガツガツ食べては猛烈な下痢をしていたために、軍医からも「目ザルのようだ。入れても入れても出てしまう」と言われていた。そして、そういう患者の大部分はコツコツに痩せこけて骨と皮ばかりになっていながら、腹だけは西瓜《すいか》のように円くふくれていた。私の場合は丁度その反対に全身が膨みかえって、一見はなはだ肥満しているかのごとき外観を呈していたのにも拘わらず、食慾のほうはまったく失われていた。作業の途中で与えられる握り飯だけはどうにか喉を通ったが、兵舎の食事は見るだけでも胸がつかえた。

ついでに書いておくが、私が田浦にいたのは十七日間で、その間、副食は三度三度かならず玉ネギの味噌汁であり、例外はついに最後まで一度もなかったが、主食をもてあましていた私は自身の生命をつなぎとめるために、その汁だけは一滴も残さず吸うように努めていた。私が今日まで生きながらえていられたのは、玉ネギの味噌汁のオカゲである。なお、もう一つ附け加えておくと、ここの兵舎では上等兵以上がアグラをかき、一等兵以下は正座して食事をしたが、上等兵の大部分は十五、六歳の少年で、一等兵以下は三十歳以上の応召兵ばかりであった。

四月十八日　水

甲外出[*1]にて鎌倉へ森君[*2]を訪問する途次、ホームにて大佛《おさらぎ》次郎氏に会い、ちょっと挨拶。あまい紅茶、ジャムをつけたホット・ケエキ、卵焼とクサヤの干物による白米の昼食などを御馳走になり、万年筆、ハサミ、糸、いり豆などを貰って四時辞去。集会所にて夕食後、兵舎に戻る。

＊1　「甲外出」という呼称の出所は、本書の執筆に際して二、三の人にたずねても突き留めることができなかったが、「半舷上陸」の別称であったことだけは確実である。或は「公外出」と書くほうが正しいのかも知れない。海兵団では警戒警報でも分隊へ戻らねばならなかったが、田浦山ではよほどの大空襲でなければ、戻らなくてもよいことになっていたので、私はこの日、思いきって鎌倉へ出掛けていった。

＊2　森武之助君のことは前にも書いた。古い学友の一人だが、私はこの時にもずいぶ

ん森君に迷惑をかけた。東京へ電話を掛けたいと思ったが、不通だと言われたので留守宅宛てに手紙の投函を依頼したり、いろいろ貰いものまでしているが、私は自分のほうから大豆をいって欲しいと夫人に無心しただけでは足りなくて、厚顔にも、その豆を入れる袋まで手拭で縫ってもらった。久しぶりにソファへ寄りかかって、なんの屈託もなく学友と語り合えたことはうれしかったが、それだけ地獄のような作業場へ戻っていくことは辛い思いであった。

四月十九日　木

午後より雨降りはじめ、深夜に至り豪雨となる。直子と父にはがきを出す。酒保代二・〇〇。

四月二十日　金

夜来の雨あがり、今日もまた作業。このごろの雨は夜ばかり降る。きんし、バラ五〇本配給。*

*昼のうちに降ってくれれば作業が中止になるので、この雨の降り方は心底からうらめしかった。

四月二十一日　土

昨夜より寒気加わり肌寒さをおぼゆ。酒保代一・八五。

四月二十二日　日

足先の負傷癒えず。風邪気のため鼻つまりて嗅覚なし。短入を断念。

四月二十三日　月

シャープペンシル紛失。*看護長（上等兵）の診察を受け、横着病なりと言われしもエビオス三日分もらう。

＊田浦山には二百名ほどの兵隊に対して、この衛生兵が一人だけ横団から派遣されて来ていた。私が脚の膨みを訴えても、麦飯を食っているのに、どうして脚気になるんだろうと首をかしげているような心細い相手であったが、私が食慾の不振を訴えると、彼は「働きが足りないからだよ」とにがりきったように言ってから、私の病名を横着病と診断して、平手で頰をたたいた。私は危篤の状態におちいっても、此処では二度と診察を受けまいと決心した。

四月二十五日　水

菓子配給。短入に行く。

四月二十六日　木

甲外出あれど、班長より残留を命ぜられ、作業に就く。[*]コンクリで左手の指を二本つぶす。

*使途不明の、コンクリート製の立ち流しのようなもので、重量は二十貫以上もあったであろうか。四名ほどでそれへ縄をからげ、担棒で担おうとしたとき、私は片手をすべらせて人差指と中指をつぶして内出血した。ますます悪化していた全身の浮腫のために足下がしっかりしていなかったので、そんなヘマをしたのであった。

四月二十七日　金

甲外出。駅で豊橋から水雷学校へ出張中だという未知の上主に光をもらう。[*1]七時半、森君の家に着き、蛯名さんへ電話。[*2]十二時、直子と一麦田浦に来り、石川家へ行く。夜、きんし五〇本配給。

＊1　七時半というような時刻からなんの前触れもなく訪問されては、森君の家でもさぞかし迷惑だったろう。しかし、私としては一刻も早く東京へ電話を掛けたいという心があったので、直行してしまった。森君は風邪気でふせっていたから、私は彼が出て来るまでの間に、夫人に依頼して電話を掛けてもらった。空襲以来、東京への電話はまったく不通になっていたとのことであったのに、この日はどうしたわけか五分とも待たされずに通じた。医家である蛯名氏のお宅は強制疎開後、留守家族が移っていた末吉家の隣りにあったので、こころよく取次いでもらうことができた。

＊2　私はこの電話を掛けてから十時ちかくまで森君と話をした後に辞去して、田浦の集会所で直子と一麦が来るのを待った。突然の電話で、留守宅の者はテンテコ舞いをしたようであった。直子の到着が十二時過ぎになったのは、それから大あわてで食べものをこしらえて出て来たからである。

石川家という旅館は、集会所前の広い鋪装《ほそう》路を二町ほども逗子のほうへ戻った左側にあった。私たちは門限ぎりぎりまで其処で過してから集会所の傍で別れたが、翌々日の二十九日は天長節で、私はその日にもまた上陸があることを聞き込んでいたので、そのことを話すと、直子は今度は妹たちを面会によこすつもりだと言って帰っていった。

戦時中の為政者は、一種のスロオガン狂に陥っていた。「屠れ米英われらの敵だ」「進め一億火の玉だ」「石油一滴、血の一滴」といった類であったが、その一つに「機密機密と漏らすな機密」というのがあった。秘密主義で凝り固まっていたような軍隊でも、このスロオガンは遵守されていなかったようである。誰がどういう経路からさぐり出すのか、われわれの上陸日は常に単なる噂話として流されていたものであったのにも拘わらず、その情報はいつも比較的正確であった。そのため、私はその時にもそのアヤフヤな情報を直子に伝えたのであったが、後出の理由で、私はまたしても留守家族に無駄足をさせる結果を招いてしまった。妹たちをよこすように言って帰っていった直子は、二十九日にもまた一麦を連れて田浦へ出掛けて来て、一日待ちぼけを喰ってしまったとのことである。

四月二十八日　土

昼食時に某部隊へ転勤命令が来ている旨申渡され、身廻整理ののち午後三時当番食事をして、上水二十三名とともに横団へ帰り、砲台の三分隊に帰属。*

＊二十三名の上水の中に一水の私が唯ひとり混って原隊復帰をしたわけであったが、某部隊への転勤命令などというのはまったくの嘘で、実際にはその翌日が天長節に当っ

ていたからだということを、私はその上水たちから教えられた。田浦山のような作業場では、平常から配給も潤沢であったが、特に祭日というと酒保物品がたくさん入荷する。そこで、海兵団内の主計本部に前日現在の兵員数を報告しておいてから、何名かの兵隊を不要になったからという理由でゴソッと海兵団へ送還してしまえば、事務室の連中がその物資を合法的に横取りすることができる。われわれ二十四名はその犠牲にされたのだそうで、田浦山にはそもそもの開拓期から配置されていたという上水の一群は、オンをアダで返しやがったと切歯扼腕《せっしやくわん》していた。

彼等の洗いさらした国防色の略服はほとんど白というのに近くなっていたが、その白っぽい剝げ具合がまったく同色であったところから見て、彼等が海軍には珍しく、入団以来ずっと行動を共にしていたグルウプだということが私にも一目でわかった。その仲間に唯一人私が加えられたのは、病人で作業の役に立たないことが田浦山の事務室の連中にも看破されていたからであろうか。そうだとすれば、私はまったく幸運であった。あのままもう幾日か田浦に留めておかれたら、私はおそらく一命を落さなかったまでも、倒れていたに相違あるまい。

四月二十九日　日

天長節*。御写真奉拝あり。

＊天長節のために団内でもなにがしかの酒保物品の配給はあったが、われわれは前日の午後になってから到着したので申告もれになっており、何も受けられなかった。田浦から同行した上水たちの怒りは、このためにも一そう強く燃え上った。私たちの収容された砲台兵舎の居住区は出発前と違って、今度は二階であったが、舎内の暗さと不潔さは階下と五十歩百歩だったので、上水たちはこんな所から一日も早く出てしまいたいと言い合っていた。その時にはお前も一緒に連れていってもらうように頼んでやるぞと言われたので、私はよろしくお願いしますと答えて置いたが、心の中ではまったく別の目的をいだいていた。私は一日も早く診察を受けなくては、自分の身体がどうなってしまうか心配でならなかった。私の脚はいよいよ膨みを増して、軍服のズボンも窮屈になりはじめていたのである。

四月三十日　月

靖国神社大祭のため遥拝式あり。給与にて四月分俸給一六・八〇受取る。

五月一日　火

進級式＊に参列。午後、略服を借用す。昨日も一昨日も二度ずつ足を運んで、五度目にやっと借用できた。

＊二等兵から一等兵には三ヵ月半で進級できたが、上等兵以上の進級は、それから更に半年後の五月一日と十一月一日の二度しかおこなわれなかった。したがって、十九年八月十五日の入団兵はこの日上等兵に進級したが、その半月後の九月一日以後に入団した兵隊は、十一月一日まで進級がお預けになり、終戦は八月十五日であったから、「九月十五日入団」の私たちは遂に一等兵で入湯が附かぬまま復員してしまった。

五月二日　水

降雨のため、一兵舎に於て坐学あり。独軍降服の色濃きことを分隊士の講話により知る。受診せんとせしも、新兵身体検査のために成らず。ほまれ二箇半（二十銭）配給。

五月三日　木

午前中、＊患者日誌をつくることにかかり、午後医務室へ出直してみたが、診察は明日と言わる。デッキにて、他人の読む新聞によってヒットラアの死亡を知る。

＊二十八日に海兵団へ戻ってから、天長節、招魂祭、新兵入団等が次次とかさなってい

たために、受診票だけは入手してあったが、私はこの日まで医務室の患者日誌が作ってもらえなかった。

帰団後、この日までには五日間が経過しているので、その間には私もむろん幾度か作業に狩り出されている。三分隊は現役分隊であるから、整列の号令も新兵ばかりの一一〇分隊や一〇〇分隊とは違っていた。「上一水整列ッ」という声がかかるのである。靴下のツクロイなどを放り出したままずッ飛んでいってみると、更に「特攻隊に志願したい者二十名出ろッ」というようなことを言われた。私など、此処の居住区では最下級兵であったから、こんな場合モタモタしているとぶッ飛ばされるおそれがあるので、また前へ走り出なければならない。すると、「お前等はほんとに特攻隊へ行きたいか。イノチは惜しくないんだな。きっとだな」と幾度も気分の悪い念を押された。その度にわれわれは「はアい」「はアい」と口を揃えて応えるわけだが、「よしッ、それじゃ来いッ」と言ってそのまま引率されていってみると、他の分隊の厠の汲取《くみとり》作業だったというようなこともある。実にイヤなだまし方であった。

ついでに触れておくが、俗に「わが身のクソは臭くない」と言われるように、自分の分隊の汲取りはさのみ苦にならなかったのにも拘わらず、不思議に他の分隊へ汲取りに行くのはイヤなものであった。殊に海兵団などでは自分等とまったく同じものを食べていることが分りきっていたのだし、何処の後架でもおなじ筈であったのに、この心理だけは不思議でならない。汲取桶には蓋がなかったので、われわれは液体のシブキがはねることを避けるために、その上に杉の葉などを浮かべながら前後を二人で担いで遠い海岸まで捨てにいったが、こういう作業に出てみると、如何に兵隊の食事が慌だしく摂られ、栄養摂取の目的に反しているかがまざまざと窺われた。大麦の粒が、まったく不消化のまま、一めんに浮かんでいたのである。

団内病室

五月四日　金　　六・〇　六二

受診。大原大尉より鍵和田氏*の名を言われ、なぜ湯河原から退院したかと尋ねられて、中沢大尉からもお前は古い患者だなと言わる。午後一時、毛布、食器、手廻り品を所持し、森一水に送られて旧病入室。疲労のためこんこんと眠る。疲労が病因である。

＊鍵和田氏が大原軍医大尉を訪問してくださったのは、何時のことか不明である。私がこのとき田浦から海兵団へ戻っていたことは直子も知らなかったのだから、鍵和田氏

が御存知のわけはない。おそらく私の湯河原入院以前に訪問してくださったのを、大原大尉が記憶していたのであろう。

大原大尉は団内医務室の分隊長で、この時分には、すでに少佐に進級していた筈であったが、患者日誌で私の名を見るとすぐ鍵和田氏が心配して来訪されたことを告げ、どうして湯河原から退院して来てしまったのかと訊ねられた。私としてはなんとも応えようがなかったが、十一病舎の分隊長は誰かと聞かれて和田大尉だと告げると、小首をかしげていた。私に対する「全治退院」の処置は、大原大尉にも納得のいかぬものであった様子である。お前は古い患者だなと脇から声を掛けた中沢大尉も、重ねがさねの受診で私の顔を見覚えてしまっていたわけである。私はそういう兵隊であったというよりも、そういう患者であった。

五月五日　土　　六・〇　五八　六・二　五二

*昨日の夕食から今日の昼食まで森一水にデッキの食事を運んでもらい、夕食より病室の食事になる。二三・一〇――〇〇・三〇、毛布を持って待避。日中は昏々《こんこん》と眠り通し、夜もまた眠りつづく。

*烹炊所へ報告してある目板《めいた》の関係で、患者は入室したからと言ってすぐ病室の食事を

食べるわけにはいかない。そういうことをすると、病室の分が一人前減り、反対に分隊の分が一人前あまるという結果になるので、烹炊所の帳簿が整理されるまでのあいだ、デッキから食事をはこぶという方法がとられることになっていた。なお、病室の普通食は分隊の食事とまったく同じもので、横病のように主食から副食まで変更されるわけではなかった。その点でも病院と病室とは相違していた。

五月六日　日　　五・二　五八　六・一　五二

日曜日のため、午前中大掃除あり。午食より粥食にしてもらう。[*]

＊私は入室後まだ診察を受けていなかったので、食事は常食でなければならなかったのだが、このくらいの融通は、食卓番の手加減一つでどうにでもなった。その手加減については六月一日の項に後出する。

五月七日　月　　五・〇　四八　五・八　五〇

午前中入浴。午後、衣類の熱気消毒。[*] 新病舎にシラミの媒介する伝染病（発疹チフス）発生せしとの故なり。夕食より常食に戻る。

＊病室の風呂も蒸気でわかされていたが、このとき熱気消毒に出した衣類は、そのボイラアの中へ投入された。何時間後かに取り出されて来た毛布は、湿気を含んでいて気持がわるかった。

五月八日　火　　五・六　四八　六・一　五六
一一・四五――一二・三〇退避。午後より小雨降りはじむ。

五月九日　水　　六・〇　五二　六・一　五四
午前四時ごろ夜来の雨あがる。九時入浴。靴下を洗濯す。

五月十日　木　　六・〇　四八　六・三　四四
〇三・〇〇厠にゆきしところ、やや軟便となる。朝食よりふたたび粥食にしてもらう。入室後はじめて投薬あり（エビオス）。

五月十一日　金　　六・三　四八　六・〇　四八
〇七・三〇入浴。昼食より粥と常食とを半分ずつにしてもらう。午後、レントゲンと血沈。夕刻、体重測定あり。四〇キロ。

五月十二日　土　　六・二　四八　六・四　五二
曇、時々雨、面倒なりとの理由を以て、夕食より常食にされてしまう。

五月十三日　日　　五・六　四六　六・六　五六
日曜の大掃除あれど、高熱、要担患者の入室多きため簡単にすます。

五月十四日　月　　五・八　四六　六・三　四八
午前中入浴あり。入室後最初の診察＊（中沢大尉）の結果、十九名退室となる。十一日撮影のレントゲン写真にて左肺尖浸潤の疑いある由にて、明朝より三日間の連続検痰を命ぜらる。血沈、一時間三十五。

＊入室後、初めて投薬のあったのが六日目、診察を受けたのが十日目である。こういうところにも軍隊の面目が躍如としている。われわれの入室は療養ではなく休養であった。しかし、この休養のおかげで、どうやら私が死の予感から脱出できるようになっていたことも事実であった。

五月十五日　火　六・二　五〇　七・〇　六二

午前二時半起床。五時まで待って札を取り、靴修繕[*1]の手続をする。朝食後、洗った靴を届ける。朝、第一回の検痰。朝食に鶏卵を給せらる（不馴化性の患者のみ）。午後の検温に七・〇となれるは入室以来のレコオドなり。課業止めの時間に靴を取りに行く。二円六十五銭。夕食後、不馴化性の患者に生菓子[*2]の配給。

＊1　破損した靴の修理代は兵隊自身が負担することになっていたが、この手続をとるのが大変であった。工場は病室のすぐ隣りにあって民間人が修理に当っていたが、申込みが定数以上に達すると受附けてもらえない。私が午前二時に起きて順番を取りにいってみると、もう二人ぐらい来ていた。受附が始まる五時には三十人くらい行列していたかもしれない。

＊2　生菓子というのは、鶏卵の白身と牛乳で作ったらしいプリンのようなものであった。僅かながら甘みもあった。私は団内でそういうものを支給されたこと自体にも驚いたが、それが烹炊所の製品だと聞いて、あんな不粋な所でこんな器用なものも出来るのかと一そう驚歎した。

五月十六日　水　六・二　五六　六・五　四八

一一・〇〇入浴。午食時に鶏卵配給。夕食後に昨夕とおなじ生菓子支給さる。午食後の牛乳は毎日なりと。昨日の曇天にひきかえて、今日はまったくの快晴。

五月十七日　木　　六・一　五〇　六・三　五六

*寝ながら検温するために体温計を破損する者が続出するので、患者長から物資を愛護せよとの注意がある。一一・四五——一三・三〇甲待避。夕刻、初雷をきく。

*患者は病室でもだらけ切っていた。検温の場合は一応ベッドの上に起き直る規則になっていたのに、それだけのことすら励行されず、五分計を腋の下へ挟んだまま寝返りを打つような不心得者があったので、体温計の破損の数はバカにならなかった。取扱上の不注意は彼等の無知も原因であったが、分隊や作業場で虐使されつづけて来た結果、俄かに緊張感から解放された反動が、一そう彼等をモノグサにさせていたのだろう。

患者長は色の生白い小男の兵長で、説教はうまかったが、流暢な熱弁のわりに内容は空疎であった。「お前たちの病気は俺にはわかっているッ。戦争病だッ。早く分隊へ戻って、一日も早く御奉公しなくてはいけないッ」というのが、彼の説教の常套的なマクラであった。彼の唇から頻発する「戦争病」という生硬な言語が、「戦争忌避」

乃至「厭戦」の意味であることは明白であったが、私は彼の口調が熱を帯びて来るほど、ますます白々しい思いをいだかされずにはいられなかった。私が最初に入室したのは前年の十一月であったが、その時の患者長も彼であったことに思い合せれば、彼自身「戦争忌避者」であることは、あまりにも明瞭であり過ぎた。彼の生白い顔色は、彼の入院生活につづく入室期間の長さをそのまま物語っていた。彼自身こそ、まぎれもない「戦争病」患者であり、病院ゴロの一人であった。

内科と外科の患者が病棟によってはっきり区別されていた横病あたりとは違って、団内の病室では文字通りの雑居であった。私は敗戦の直前になってから疥癬《かいせん》におかされ、ついにそれを家庭に持ち帰って家中に蔓延させてしまったが、疥癬の症状には二種類あった。私の負わされたものは大きな寄り塊りになって化膿するという厄介なもので、その痕跡はついに私ばかりではなく、一麦の身体の何ヵ所かにも生涯消え去ることのない傷痕として刻みつけられてしまったが、小さくて紅い粒が全身にひろがるという症状のほうが一般的であったらしい。私と同じ期間に入室していた上曹は、この後者の症状の典型的なもので、彼は毎日横病の硫黄風呂へ入浴にかよっていたのにも拘わらず、夜になると全身のカユミを訴えてもがき狂っているさまには、正視に耐えないものがあった。病室には百四、五十名の患者が収容されていたであろうか。その患者のほとんど悉くが、この唯一人の疥癬患者の唸《うな》り声に、毎晩、彼等の夢を破られていた。

やはりこの折の入室患者で、もう一人私が忘れられずにいるのは、記憶喪失症の若い志願兵である。十五、六歳ではなかったかと思うが、彼は自身の年齢はおろか、氏名も忘れてしまっていた。もともとおとなしくて素直な少年であったのか、兵隊に特有な狡猾さやいやらしさがなく、日常の上でも特にピントが外れているような所は見受けられなかったが、過去というものはきれいさっぱり取り落していた。七里ヶ浜の作業場で、頭部を掛矢《かけや》で殴打されたのが原因だということであった。掛矢というのは、杭などを打ち込む際に使用される大形の木槌《きづち》である。入院させても全快の見込みはないと見放されたのか、或は軽症のために入室させられていたのか、いずれにせよ、その後の彼の経過はどうなっているだろうか。私も復員後数年間、栄養失調症の回復に苦労させられたが、時おり頭痛を訴えていたあの少年兵が、一時的なショックではなく、暴力の犠牲として不治の病いを背負わされたまま復員していたとすれば、なんとも気の毒なことである。

五月十八日　金　　六・〇　五四　六・四　五六

午前入浴。洗濯をなす。夕刻、体重測定、四〇・五キロ。本日、生菓子支給なし。

五月十九日　土　　　　　　　　　　　　五・八　五二　六・二　四六
〇九・五〇――一一・四〇甲退避。一六・〇〇頃より雨降りはじむ。昨日欠配の故を以て朝食時及び夕食時に生菓子を支給さる。

＊この文字だけ見ると、烹炊所はずいぶん義理固いようだが、単なる間食としてではなく、栄養補給のために支給されていた食物である以上、無茶なやり方だと言われても仕方があるまい。薬品だったらどういうことになったのだろうか。

五月二十日　日　　　　　　　　　　　　六・〇　四四　六・一　六〇
夜来の雨降り続き、総員起しは〇五・三〇。手足に痛さを感じるような寒さなり。〇八・〇〇――〇九・〇〇、日曜日課の大掃除。午後、病室にて演芸会を催す。

＊横病では愛国寮で映画や演劇を観る機会があったが、団内病室はまったく無味乾燥で索漠としていたから、日曜の度ごとにこういう催しがおこなわれた。もっとも、演芸会とは言っても患者たちの喉自慢にしか過ぎなかったので、こんな催しを楽しみにしている患者などは一人もなかった。おそらく物資のゆたかであった時代に、お茶やお菓子が出て催された演芸会の形式だけがそのまま踏襲されていたのだと思うが、患者

長の指名で喉を聞かせる者の意気もあがらず、歌に合せて手拍子が打たれるというようなこともなかった。物資の欠乏は、人間の意気を阻喪させる。番茶ひとつ出ないのでは、カラ元気も出るわけがなかった。

五月二十一日　月　　五・六　四二　六・四　五二
雨ようやくあがり、陽光まばゆし。一〇・〇〇入浴。一六・〇〇小川軍医*の診察あり。過日のレントゲン写真には左肺尖浸潤ありたる由なれど、右胸部に自覚ありと訴えしところ、ラッセルが聴えるとのことにて、明日再撮影を命ぜらる。

＊小川軍医官は学生が軍服を着たような、如何にも若々しい少尉であったが、おそらくは短期繰上げ卒業の応召者ではなかったのかと思う。私には前にも一度肺浸潤と診断されて、次の診察日に慢性胃炎と病名をかえられたことがあったが、この時にも写真と実際との相違を具申すると、小川軍医はフィルムを裏から見たのかなと言いかけて口をつぐみ、右と左を間違えて患者日誌に記入する場合もあるのだからと言い直しながら聴診器を当てた結果、写真よりも私の申立てのほうを採用した。私には、機械も人間も信じられなかった。

五月二十二日　火　　　　　　　　五・九　四八　五・六　四四
午前、衣類及び毛布熱気消毒。レントゲン撮影ならびに血沈。午後より細雨降りはじめ、夜に入りて雨量と寒さ加わる。

五月二十三日　水　　　　　　　　五・八　四六　六・七　六二
夜来の雨降りつづく。寒し。〇八・三〇入浴。午後、機関科教場に行き、散髪をし直してもらう。午後より天候回復し、暖気やや加わる。鶏卵支給なし。

＊海軍では、ヨレヨレの軍服を着せておきながら、身だしなみだけはやかましかった。不精髭を生やしていることは許されなかった。私は歯をみがく暇がなかった時にも、髭だけはなんとか剃るように努めた。
　バリカンは何処の分隊にも備えつけられてあって、兵隊同士が相互に散髪し合ったが、手入れが不行届きな上に、技術が未熟であったから、切れ味はかんばしくなかった。殊に病室備えつけのバリカンはお話のほかであったから、私はこの時、あまりの痛さに耐えかねて額際《ひたいぎわ》を二寸四方ほど刈りかけてもらったまま、数日前から放置してあった。その始末をつけてもらうために、古巣の機関科教場へ出掛けていったのである。私の籍は四月から三分隊の砲台兵舎にあったが、田浦出張などで分隊員には馴

染みがなく、やはりこういう場合になると、旧知の間柄でなくては頼みにくかった。それに、前回の入室当時は二等兵であったというような関係からも、病室から脱け出すことなど思いも寄らなかったのに、こんな点でも私はよほど軍隊生活に馴れていたわけである。

五月二十四日　木　　　　　六・〇　四六　六・六　七〇

〇〇・三〇、総員起し。〇一・〇〇——〇四・〇〇甲退避。午前中曇天にして寒冷なれど、午後より快晴となる。鶏卵、生菓子配給なし。

五月二十五日　金　　　　　六・三　五八　七・〇　八二

午前、洗濯。一二・〇〇——一二・五〇甲退避。午後体重測定、四一キロ。小川軍医の診察ありて不馴化性患者の大半は久里浜保健班行きを言い渡されしも残留となる。レントゲン所見は「常」なり。二三・一五——〇一・一五退避を終りて病室に戻る途次、東京（或は横浜か）方面の空の夕焼の如く赤く燃ゆるを望む。

☆二十四日未明の大空襲につづいて、東京は二十五日夜半、最後の大空襲に遭遇した。『東京大空襲秘録写真集』によれば、南方洋上から伊豆列島に沿って北上したB29二百数十機は「約二時間余ニ亘《わた》リ単機若《も》シクハ数機ヲ以テ逐次京浜地区ニ来襲シ都心部ヲ始メ広範囲ノ市街地ニ対シ主トシテ焼夷弾ニヨル無差別爆撃ヲ敢行」した結果、その被害は「死者八八二名、傷者四、四三七名、行方不明二九名、被害家屋一五七、〇三九戸、罹災者六二万」に及んでいる。

私が二十六日の未明、防空壕から病室へ戻る道で遠く望んだ空の紅さは、この火焔であったわけだが、私の留守家族は、この夜もまた戦火に追われて逃げ惑わねばならなかった。しかもこの夜は、前回の空襲より更に危険が身近かに迫って、一度は死を覚悟したほどであったとのことである。

いささか逃げおくれの観のあった家族が、前回の空襲によって焼跡になっていた高田馬場駅附近を目指して避難していったのは、すでに反対方向に当る早大グラウンド附近に火の手があがっていたためで、背中に一麦をくくりつけていた直子は、火傷を防ぐために、冬掛けの夜具を頭からすっぽりかぶっていたという。光好と幸子の二人も、それぞれ夏掛けの蒲団をかぶって上半身を包みくるんでいたとのことだが、そんな姿で戸塚二丁目のロオタリイまで行き着いてみると、左手の大久保方面は勿論のこと、右手の雑司ヶ谷方面にも火焔が立ちのぼっていて、明治通りは火の粉の川のようになっており、火勢によって巻き起される烈風の迅《はや》さは足下をすくい取るほど強烈なものになっていた。しかも背後を振り返れば、いま自分等が逃げて来た道は一面の煙に包まれているというような、その時の状態であった。

　結果から言えば、家は焼かれずに残ったのであるから、みすみす危険な思いをしただけバカをみたようなものであったが、結局、四人は手と手を繋いで身を寄せ合い、辛うじてその強烈な風勢に耐えながら、高田馬場方面にむかってその道路を渡り切ったために、煙にも巻き込まれることなく生命をひろったわけで、その時の状況判断としては、やはりそれが最善の策だったようである。

　恐怖心をいだかせまいとする周囲の心遣いが一応成功して、それまではどうやら安心していられた一麦も、この五月二十五日夜半の空襲は「火の粉の空襲」と呼んで、それ以後、警報発令のたびにおびえて誰かにすがりつくようになってしまった。それまでにもしばしば話題にのぼっていた疎開のことが、留守家族の間で真剣な話題として取り上げられるようになったのは、この空襲の経験によるところが大きかったようである。なお、さいわい傷痕ものこらず、一週間ほどで腫れも退いていったが、光好はこの空襲の折に火の粉のために瞼《まぶた》へ火傷を負って、一時はどうなることかと一同が案じたとのことである。

　私は紅い空の色を見てしきりと家族の上を案じたが、入室患者には「家庭通信」の機会すら与えられなかったので、ただ気を揉んでいたばかりであった。

五月二十六日　土　　六・〇　四八　七・〇　六〇
午前中細雨。二三・四〇——〇〇・二〇甲退避。月明るく、右胸部に微弱なる鈍痛を自覚。

五月二十七日　日　　六・二　五六　六・九　六六
海軍記念日にして日曜日のため、午前中大掃除、昼食は赤飯。午後より病舎にて演芸会。窓外のアカシヤとポプラの梢に吹く風が薫る。体重のついて来た感じがする。

五月二十八日　月　　五・六　四四　六・三　七六
昨夜は左上顎の奥歯*がうずいて腫れあがっていたため、今朝も頭痛がのこっていた。一一・四五——一四・〇〇甲待避。このため入浴は取止めとなる。

*私の歯はもともと健全ではなかったが、この頃からますますひどくなっていた。食物の関係もあったかと思うが、ことに最初の一一〇分隊にいた当時など、歯を磨く暇すらなかったので、その間に蝕歯はますます昂進していた。

五月二十九日　火　　六・二　六二　七・二　六〇

○○・五○警報あれど退避に至らず。○八・一二——一○・五○乙退避。横須賀上空にも戦爆聯合の空襲ありて、横浜方面の空に煙の立つのが望見される。このため昼食は一時間おくれ、汁なくして飯のみ。午後より入浴。衣服と毛布の消毒。

五月三十日　水　　六・二　四八　七・四　六二

午前中血沈。甲板長の見舞に小林上水*来室。入浴あり。昨日の空襲はB29五○○機、B24一○○機にして、横浜市を攻撃せしものとのことなり。

＊小林上水とは、湯河原で同室だった小林政夫君のことである。小林君は退院後、航海学校の中にあった嵐部隊の気象班に配置されていて、自分の所属分隊の甲板長を見舞いに来たのだが、まことに偶然な再会であった。彼はこのとき甲板長などそっちのけにして、私との邂逅をしきりと喜んでくれた。

航海学校は機関科教場や、そのすぐ眼の前にあった保健分隊の兵舎とは塀一つへだてた隣り合せの位置にあって、嵐部隊は潜航艇乗組みの海の特攻隊であったが、新兵時代に気象を教育されて特技章を受けていた小林君は、そこで天気図などを書かされていたらしい。彼はこのとき私との再会を期して別れていったが、後日その約を果してくれた。

五月三十一日　木　　　　　五・九　五四　七・四　六八

陽射も夏らしくなり、煙草盆*にたむろする兵隊達も陽蔭を選んで坐っているようになった。頭痛のためアスピリンを貰って寝る。航空機の生産力やや上昇し、沖縄の戦況わずかに好転しつつある模様なり。小川軍医官、平塚に出張のため、八日まで診察はなしとのことなり。

*病室では通信も許可されず、配給も断たれたばかりではなく、喫煙も厳禁されていたから、病室の附近に煙草盆があるわけなどはなかった。前回の入室当時のような二等兵時代には考えられぬことであったが、私はこのとき食卓番の誰かにさそわれて病室を脱け出し、烹炊所前か、或は一兵舎裏か、どちらかの煙草盆へ出掛けていたのだと思う。勿論、食卓番といえども、喫煙が公然と許可されているわけではなかったが、それは謂わば役得のようなもので、彼等には食後に烹炊所へ食罐をおさめにいった帰途など、喫煙をするチャンスが与えられていたのである。

前から食卓番になることを患者長に勧められていた私が、言を左右にして拒みつづけていた理由についてはこの翌日の項で述べるが、結局それを受諾してしまったのも、喫煙の誘惑に克《か》てなかったからである。病室から烹炊所前の煙草盆までは七〇メートル、一兵舎裏の煙草盆までは一〇〇メートルぐらいの距離であったろうか。どちらへ行っていても、警報で病室へ駆け戻って来るのには便利であった。

六月一日　金　　六・〇　六三　七・三　六四

〇九・〇〇入浴。曇天で温度も低い。今日もまた新兵の入団があり、病舎の前庭で身体検査を受けていた。夕食時より食卓番受諾。*

*病室の食卓番も病院と同様に専任制がとられており、私はかねてからこの制度に疑問と不快感とをいだいていたので、患者長から就任をすすめられても、素直には引受ける気になれなかった。それを受諾した直接の動機は、たしかに喫煙の誘惑に敗れたからであったが、私を動かすことになった間接の原因はそのほかにもう一つあった。私は、せめて自分の就任中だけでも、その制度によって招来されている従来の悪習に、ほんのいささかでも抵抗できるのではあるまいかというような、稚ない夢想をえがいた。

専任制度による食卓番の専横には、戦時下における民間の配給所に似て、それよりも更に底意地の悪いものがあった。彼等には、自分等だけが働いて、何もせずに寝ている患者たちに規定通りの分量を食べさせるということが、よくよく腹に据えかねたらしい。烹炊所から運んで来た食罐の中から自分等の欲する分量をピンハネするだけではまだ不足で、その食罐の中へ、更に主食や副食を故意に残して置いて、それを病室脇のマンホォルへ棄ててしまっていたのである。横病で私が与えられた汁の中に百合の根が一片ぐらいしか入っていなかったのも、常食という医師の指定を無視して粥食にされたのも、みんなそうした食卓番の底意地の悪さが原因になっていたのであった。

食卓番を受諾した私は、食事を終ると努めて早く食卓をはなれるようにして、残りものを棄てに行くふうをよそおいながら外に出ると、飯だけは手早く新聞紙にくるんで窓から病室のベッドの下へ投げ込んで置いた。そして、その残飯を消燈後になってから取り出して患者たちに配ってやった。そんな私の行為は、もとより少年じみたヒロイズムでしかなかったろう。しかし、軍隊の中で私にできることといっては、そんなことぐらいが精一ぱいの抵抗であった。

六月二日　土　　七・〇　八二

雨降りつづく。食卓番就任のため朝の検温は取らず。食慾やや減退しはじめ、手足に膨みを認む。食卓番となりて、身体を動かすことが支障となったのであろうか。

六月三日　日　　六二　七・二　八六

昨日に引換え、見違えるばかりの快晴なり。正午B29一機侵入し来り、午後一時横須賀上空に於て友軍機に邀撃《ようげき》され、白煙を吐きながら退去するさまを望見す。午前中大掃除。午後より恒例の演芸会あり。夕刻、厠に行きしところ、偶然にも隣室の隔離に入室中の塾（慶応義塾）時代の同級生堤君（六月一日入団）に落合う。喘息とのことなり。立話。

六月四日　月　　五八　七・二　八八

午前中曇天。午後より快晴となる。朝、直子宛のハガキを吉田上工*に託す。午後入浴。体重測定、四二・五キロ。三十日の血沈は二十一なり。中沢軍医官の診察により退室者続出。硫麻水服薬の上、粥食にてヴィタミン注射を命ぜらる。腹部膨満の故なり。

＊数日前に退室していった患者の一人であった。このハガキも投函されなかった様子である。

六月五日　火　　八二　七・二　八四

夕食後、昨日退室の竹林一水*外出札事件発生。夜に入り細雨降りはじむ。

＊ここに「外出札事件」と記入してあるのは、またしても脱走騒ぎである。私は前に脱走の動機が軍隊生活の苛酷さによる重圧感のためであるよりも、むしろ肉身がもつ牽引力に支配されるところが大きいのではないかという意味のことを書いた。このことは、或は外地における脱走兵の場合にはまったく当嵌《あてはま》らないかもしれない。が、しかし、それは象徴的な意味をもふくめた私の表現であって、肉身そのものではないまでも、肉身に通ずるべきなんらかの力――たとえば懐郷の念などが、彼等を手繰《たぐ》り寄せていたと言えるのではなかろうか。この竹林君の場合にしろ、戸塚海軍病院に入院中識り合った看護婦にひとめ逢いたい一心から、脱走を決行してしまったというのだから、相手の女性は何歳であったにしろ、彼がまだ十五、六歳の如何にも少年じみた志願兵であったことに照らし合せてみるとき、思いなかばに過ぎるものがある。彼の脱走の動機もまた、おそらくはエディプス・コンプレックス――母性思慕の念の発現にほかならなかったであろう。

それにしても竹林君の場合など、前後の事情から考えて脱走そのものが本来の目的ではなく、たまたま帰団の時刻が遅れてしまったばかりに、心ならずも脱走という経過をたどってしまったのではなかったか。門限にさえ間に合っていれば、単なる無断外出にとどまっていたのではなかったかとも考えられるのだが、いずれにせよ彼の行動そのものは脱走であって、その手段としては最も効率の高いものが選ばれたと言って差支えなかったようである。彼はかねてから同じ分隊の藤田一水という同年配の志願兵が、外出札を持ったまま入室してしまったことを知っていた。外出札は、言うまでもなく入室と同時に分隊へ残して来なければならぬ性質のものである。それを怠ったことは藤田一水の手落ちで、謂わば彼の弱みであったところから、竹林君は前日退室を命ぜられた折、自分がそれを分隊事務室へ返済しておいてやるといつわって預かっていった。そして、その藤田一水名儀の外出札を自分が使用して半舷上陸したまま行方をくらましてしまったのである。

脱走が発覚したのは、門限後になっても団門の衛兵所に藤田一水名儀の外出札が残されていたからであって、そのため、入室中の藤田一水が厳重な取調べを受け、さんざんアブラを取られたことは当然であったが、竹林君の逃亡の結末がどうなったか、私はまったく知らない。おそらくは日ならずして憲兵に逮捕され、軍法会議にまわされて軍刑務所へ送られるという、お定まりのコオスをたどったことだろう。脱走という行為に出てしまった以上、それは避けられぬ結末であったかとも思われるが、今もって私の気がかりになっているのは、果して竹林君が、その日、戸塚病院の看護婦に逢いたいという彼自身の所期の目的を達成していただろうかということである。私の日記には、「夜に入り細雨降りはじむ」と記入されてある。その細雨の中で、当時まだほんの少年にしか過ぎなかった竹林君はどんな思いをいだきながら、何処をさまよっていたのだろうか。いずれにしろ、軍隊という組織が存在しなければ発生し得なかった、一つのケエスであったことだけは確実である。

六月六日　水　七・〇　八八
午後、病室に於て患者中の希望者に仁丹の配給あり。不馴化性の患者に蒸パン配給。

六月七日　木　六・九　七四
降雨。警報ありしため、防空壕の避退物（毛布・蚊帳《かや》・食器など）の番兵に行き、やや風邪気味となる。雨に濡れ、壕の内部が寒かったためであろう。

六月八日　金　六・九　七二
快晴。午前中入浴。風邪気のためか右肺上部に鈍痛あり。

六月九日　土　七・二　六三
体重測定、四四・五キロ。診察（小川軍医）の結果、軽業退室となり保健分隊行き決定。他の患者は夕食後分隊へ戻っていったが、*食卓番にて跡片附けのため明日退室となる。

＊私には他の患者と違って、自身の所属分隊ではなく、新たに保健分隊へ移っていくという事情があって、そんな時刻になってから退室するのでは手続が取りにくいという原因もあったが、それとても絶対のものではなかった。やはり幾日間か食卓番をつとめたという情実もあって、患者長から、もう一晩泊って退室は明日にしろやと勧められたのである。

六月十日　日

○七・○○――一○・○○退避のため退室ならず。二時半頃になってから三分隊及び保健分隊の手続を済ませ、六時半ごろ三分隊のデッキに戻って寝る。

☆久しぶりに砲台のデッキへ戻って痛感したのは、入室前にくらべて兵員数が著しく減少しているという事実であった。それは、このころから海兵団が兵隊を積極的に外部へ送り出していたことが原因であって、その大半は農耕隊や製塩隊というような生産面にさしむけられていた様子であった。敗戦を目前にひかえて、軍隊は物質的にもいよいよ窮迫していた。

保健分隊

六月十一日　月　　　　　　　　　　六・三　七二　六・四　七四

一〇・〇〇――一一・四五退避。昼食後、直ちに毛布、食器を揃えて保健分隊に行き、第三班に編入せらる。班長T・K兵曹。ほうよく五本（二十五銭）配給さる。二十本配給のところ不馴化性の故を以て減量とのことなり。なお、不馴化性には食事も減量と申し渡さる。

*就寝前に班長の洋服をたたんだり、汚れものを見つければ進んで洗濯することは下級兵として当然の心得であったが、この班長のように下帯まで洗わせるというのは珍しいことであった。ことにT・K兵曹はアブラ足で靴下のよごれが甚だしく、痔疾のために下帯の取換えが激しかったので、洗濯は私の欠かし得ぬ日課になった。が、この当時すでに、洗濯ものは空襲の目標になりやすいという理由から屋外へ乾すことを禁じられており、されぱと言って兵舎内に吊して置けば、ここは裏長屋じゃないぞと言

われるので、私はやむなくそれらを自分の毛布の下に敷いて寝て、自身の体温で乾かすよりほかはなかった。また、不馴化性患者の故を以て二十本配給の煙草を勝手に五本にしたり、食事の分量を減らすと申し渡すことは、むしろ軍医の権限であり、班長としては明らかに越権であったが、このT・K兵曹には、人間的にもいやらしい所があった。その一端は七月七日の項を参照して頂いてもわかるのではないかと思う。

保健分隊は十一兵舎と十二兵舎に置かれてあり、私ははじめ十一兵舎に収容されたが、この両者は黒坂兵曹のいた十三兵舎と同形同大の木造コケラ葺きの平屋で、中央に土を踏みかためた一間半幅の通路があり、居住区はタタミ敷きになっていたから、デッキ掃除も箒で掃くだけの簡単なものであった。

六月十二日　火　　六・四　七八　七・二　八二

午前中、防空壕にてモッコによる石はこび。午後、病室前にて分隊全員の[*1]チフス予防注射。終って、リヤカアによる石はこび。百分隊にて旧知の木島（峻）二水から煙草盆で、[*2]杉浦、田代両氏を紹介さる。夜に入り降雨。

＊1　医務室前の空地にはすでに何脚かの机が持ち出されていて、そこに何名かの衛生兵が左手にヨオチンの壜を持ち、右手に毛筆を持って脚をブランブランさせながら腰

掛けていた。上半身だけ肌脱ぎになったわれわれが列を作ってその前まで進んでいくと、彼等はその毛筆で、われわれの肩口にさッと一と刷《は》き無造作にヨオチンをなすりつけた。そして、更に何歩か先へ進んでいくと、其処にもやはり脚をブランブランさせながら何名かの衛生兵が机に腰掛けていて、今度はブスリと片手で注射針を射した。そういう放れ業は、ようやく一人前に自転車に乗れるようになった少年が、手放し運転をしたがる心理に通じるものがあったのではなかろうか。右手だけ使って、左手はまったく遊ばせていたのだから、あれでよく注射針が折れなかったものだと、いま思い出してもハラハラする。

＊2　前に書いたように、漫画家の杉浦幸雄氏と挿絵画家の田代光氏のことである。中原淳一画伯も両氏とおなじ居住区で起居していたらしく、私は兵舎が近接していた関係から、氏がどこか暢気《のんき》そうに食罐をぶら下げて歩いていく後ろ姿を両三度見かけたことがある。このほか、その当時の横団には文藝春秋の池島信平氏、漫画家の村山しげる氏らも在団した様子であり、私は砲台兵舎で催された演芸会で、これまた応召中の霧島昇氏の歌謡曲を聞いたこともあった。

六月十三日　水

朝、細雨の中を受診（中沢大尉）にゆき、保健分隊編入[*1]の故を以て全治とさる。帰途、十時頃より防空壕にまわって砂出し[*2]のスコップを持つ。一三・〇〇より一兵舎に於て衛生講話（大野大尉）を聴講す。発疹チフスの話など。二三・〇〇——〇〇・三〇退避。夕刻、万年筆を紛失。

＊1　本来ならば軽業とすべきところだが、保健分隊ならば身体も楽な筈だからと私は言われて、全治でよかろうと診断されたのである。下情にうとい軍医の考えそうなことであったが、実施部隊や作業場とは比較にならなかったにしろ、保健分隊の作業もまた、団内の他の分隊のそれにくらべて大差はなかった。

＊2　防空壕から切り出される石塊の搬出作業は「砂出し」と呼ばれていて、これは保健分隊員にとって、最も頻繁に課された作業であった。

六月十四日　木

第五班の田畑上整（不馴化性）[*]総員起し時に死亡。午前、午後ともに軽い砂出し。機関科教場に行き高橋教班長にほまれ二箇無心す。夕刻、外出札を渡さる。二舷なり。

＊不馴化性患者の死に際は蠟燭の火が燃え尽きていくように静かなものであったが、この田畑上整の場合もやはり同様であった。様子がおかしいというので騒ぎはじめ、病

室へ搬送するために担架へ載せると、そのまま絶息してしまったのである。なんらの苦悶をも示さぬ安らかな死であった。

海軍では、朝と夕刻の二回、海軍体操といわれる一種の柔軟体操をすることが日課になっており、私はその前日の夕刻、兵舎脇の空地でその海軍体操がおこなわれたとき、田畑上整のすぐ背後の位置にいたのではっきり覚えているが、上半身だけ肌脱ぎになって手足を動かしていた彼の体操姿は痩せさらばえて、さながら骸骨の踊りのようであった。前日の夕刻まで体操をしていた人間が翌朝は死亡してしまうなど、信じ難いことのようではあるけれども、軍隊という所はそういう場所であり、栄養失調症とはそういう疾病であった。私は同病者であるがゆえに、こういう田畑上整の死に方を見て慄然《りつぜん》とせざるを得なかった。

六月十五日　金

朝食前、体重測定、四一キロ[*1]。半舷上陸のため定刻（〇六・四五出発）整列の位置につくも、大編隊来襲の情報ありしため、おくれて〇八・三〇出発。同班の長田一水と行動を共にしてさいか屋[*2]食堂を訪ね、尾上君の応召をはじめて知る。午後より降雨となりしため日光食堂[*3]にて代用食を食せしほかは殆ど集会所にて過す。

＊1　九日の測定からでは一週間とも経過していないのに、私の体重は早くも三・五キロ減少している。やはり分隊で通常の作業に耐えるだけの健康を取戻してはいなかったからであろう。

＊2　尾上猛君の名は前にもいちど出て来た。慶大国文科出身の実業家で、旧友の一人である。さいか屋は横須賀市内の百貨店で、そこの食堂は彼の父君が経営しておられた。私は尾上君の消息が得られるかと考えて、この日はじめて訪問してみたのであったが、やはり彼も陸軍に応召して、九州にいることを知らされてしまった。私の学生時代からの友人たち――同世代は、健康であるかぎり根こそぎ戦時下の軍隊に吸収されていた。

＊3　日光食堂は市中にあった外食券食堂だが、この代用食はヒジキの茹でたもので、これまた味もそッけもなく、副食は長さ七、八寸もあろうかと思われる大イワシの、これまた茹でたものであった。こういうオバケのような大イワシには敗戦直後にもしばしばお目にかかったので、後には珍しくもなんともなくなってしまったが、この時にはさすがにギョッとした。そう言えば、戦時中から敗戦直後にかけては、胡瓜や茄子にもヘチマのオバケかと思われるような大形のものがあったが、狂った時代には食物までが狂ってしまうのであろうか。味も香気もないくせに、「大きければいいんだろう、大きければ」と言いながら、アグラをかいてフンゾリ返っていたようなあの当時の食品

のことを考えると、私は今でも憎たらしいような気がする。

六月十六日　土

○九・○○より新病舎にて保健分隊在籍の不馴化性患者、総員診察（大原少佐）あり。強羅保健班行き予定者に加えらる。一二・三○——一三・三○雨中を退避。午後より防空壕へ砂出しに行く。面石1/2箇、洗石1/3箇（計十一銭）配給。

六月十七日　日

長田一水から万年筆入手。五円[*1]と言われしも十円わたす。新病舎へ同班の諏訪一整[*2]の食事を運びに行き、帰途防空壕にまわって砂出し。午後、日曜日課の大掃除。ようやく雨もあがって温度も回復しはじむ。夕刻、直子宛ハガキを出す。入浴。

＊1　兵隊同士の間でも物品の売買はすべてヤミ値になっていて、煙草などは、すでに一本一円ぐらいが通り相場であった。

＊2　病院や病室には仮病がつきものであったが、保健分隊にも大ぶん怪しい者がいた。神経痛とか、喘息と称しているような患者は、特に判定が困難であった。この諏訪一整などにしても、断定は避けねばならないが、故意に痴呆をよそおっていたのではな

かったかと、私には思われてならない。彼は皆からさんざんバカにされ、幾ら殴られてもヘラヘラ笑っていたが、バカにして殴っている連中のほうがバカにされて、殴られている諏訪一整よりもバカなのではないのかということを、私は幾度か考えさせられた。バカか気違いでなければ、あれほどやたらに人を殴れるものではない。雨中をついて食事を運んでいくと、彼は私の軍服が濡れているのを認めて「雨具を借りて来ればよかったのに」と言いながら、自分の手拭で私の胸や背中のあたりを拭いてくれた。

六月十八日（消印）直子宛の拙便。　発信地・横須賀海兵団保健分隊第三班

その後どんなふうにしていますか。そちらでも心配していてくれることと思いますが、こちらも案じております。私の体は、さいわい日増しに恢復して今度は表記のところに移り、すっかりもう丈夫になっておりますから御安心願います。このごろは、東京の様子など皆目見当がつかなくなってしまいましたが、みんな変りはありませんか。まだ越ケ谷のほうへは行っていないことと考えてこのハガキを書いている次第ですが、一麦や光好さん、幸子ちゃんも元気でいるでしょうか。ひたすら元気であることとばかり祈っております。六月二十九日は四度目にめぐって来る二生[*1]の命日ですが、二十七日はデコちゃんの誕生日でしたね。自家で出来るものでいいのですから、心ばかりの御馳走でもし

てやって下さい。渋谷のほうへも、大宮のほうへも、その後はちっとも便りをしていませんけれど、ついででもあったら元気にしているということを伝えて置いて下さい。尾上君が二月に応召したことを最近になって知りました。義一君[*2]はどうですか。鍵和田様にもよろしくお伝え願います。

＊1　二生《つぎお》は私の二男で一麦の弟に当るが、十七年六月二十二日誕生して、二十九日死亡した。したがって、ここに記されている命日のことは事実であるが、「デコちゃん」なる人物は架空の存在である。

私は一一〇分隊から機関科教場在籍当時にかけて、たまたま黒坂兵曹という得難い人を身近かに持っていたため、秘密の郵書の投函には大きな利便を与えられていたが、横病入院以来、そのような便宜も一気に失われてしまったので、なんとかその打開策を講じなければならぬ必要に迫られていた。とつおいつ思案をめぐらせた末にようやく私が思いついたのは、いっそ秘密の投函はあきらめて、分隊から正規に許可される検閲済みの家庭通信を逆用してやろうという案であった。謂わば「居直り」とでも称すべき態度に出たわけである。私は四月末、田浦で直子と最後に会って石川家へ同行したとき、ハガキに誰かいいかげんな人名を書く、そして、「某日は誰某の誕生日ですね」というような文面があったら、その日が上陸日だと思って集会所へ来てくれということを言い渡しておいた。あまり上等とは思われない苦肉の策であったが、私は「デコちゃん」なる人名を創造することによって、それをこのハガキではじめて実践に移してみたわけである。入室中、吉田上工に託したハガキは投函されなかった様子であるから、直子はこの家庭通信によってほとんど二カ月ぶりに私の健在を知ったことになる。なお、「渋谷」は父の住所、「大宮」は姉の疎開先である。

＊2　平井義一。旧姓は山田で、私の従妹の美代子と結婚して平井姓を称するに至った。戦後自由党に所属して、福岡四区から衆議院議員に選出されている。彼は私より三歳年少であるから、出征したのではないかと考えて、手紙にこんなことを書いたのだが、いちど教育召集を受けただけで、その後は応召を免かれた。

六月十八日　月

朝、[*1]金沢文庫農耕隊行き出発。午前中、分隊点検。午後より[*2]窓ガラスのパテはがし作業。またまた気温さがり風邪気味となる。

＊1　保健分隊でも健康と認められた者は次々に外部へ送り出されていったが、十六日に大原少佐から私が申し渡された強羅保健班行きの予定は、いつの間にか立ち消えになってしまった。

＊2　敗戦の様相は、いよいよその色をふかめていた。海兵団でも打続く空襲にそなえて、この頃からいよいよ本格的に木造の兵舎や附属建築物の取壊しが開始され、その残骸が私たちの兵舎より海岸寄りの練兵場の一角に集められて、巨大な山を形づくっていた。私たちは其処へいって、窓枠のパテをはがし、ガラス板を取りはずす作業に廻されていたのである。資源愛護というわけで、この次の日には材木から古釘を抜き取って、それを真直ぐに伸ばすという作業に従っている。これらは概して体力をほとんど必要としない軽労働であったが、満足な道具類は何一つ与えられず、例えばパテはがしにしても、五寸釘の頭を小石で叩くというような方法によるより他はなかったので、折角のガラスにヒビが入り、労多いわりには効が少なかった。廉価な人力に頼ってはロスを多くしていたのが、日本の軍隊だったようである。

六月十九日　火

午前中、古釘の打直し作業。午後は釘抜き作業。三時より一兵舎まで給与[*]の照会に行きたるも、名簿に氏名の記載なし。

＊月給の請求にいったところ、私の氏名すら記載されていなかった。

六月二十日　水

二三・三〇——〇三・〇〇数編隊来襲。消火栓係[*1]のため兵舎に残留。寒気甚だしく、またしても風邪気味となる。午前、午後とも待避壕用材[*2]の材木運搬。入浴あり。顔面及び下肢いちじるしく膨みはじめて呼吸困難を自覚す。満洲の一雄君より来信。

＊1　われわれは三人ぐらいずつ当番制で防火隊員に割当てられ、その時には兵舎に残留して防空壕へ退避することが許されなかった。兵舎はコケラ葺きのバラックであったし、防火隊員といっても鉄兜ひとつ与えられていたわけではなく、戦闘帽（軍隊では略帽と呼称）の顎紐をおろして、左腕に止血用の手拭を巻きつけているだけの丸腰であったから、頭上に敵機の爆音が轟いている時など、考えてみれば心細いものであった。後にこの兵舎から三人の犠牲者を出したのは当然の結果である。

＊2　兵舎から防空壕までの距離は一〇〇メートル以上もあったので、むしろ遅きに失するうらみはあったが、兵舎のすぐ脇にも、このころからタコ壺や竪穴式の簡易防空壕が掘られはじめていた。簡易式といっても、民間の家庭用防空壕にくらべればその規模も何ほどか大きく、構造も何ほどかは堅固であったと言い得るであろう。運搬した木材も相当な重量であった。

なお、防空壕のことが出てきたついでに触れて置くが、退避に際しての混雑をふせぐために、壕の入口と壕内の待避場所とはあらかじめ分隊ごとに指定されていた。私たちに指定されていた場所には、何時も小さな木箱が無数に積み上げられてあって、その大きさが恰好なものであったところから、われわれはしばしばそれを、待避中の腰掛け代りに使用していた。私はその木箱の用途について、なぜか不思議に一度も疑念をいだいたことがなかったが、ある時、下士官の一人からそれを訊ねられて、「お前が家へ帰るとき乗っていく自動車だよ」と教えられてもまだ、ピンと来なかった。「れ、い、きゅう車」と言われて、はじめてそれが戦死者の遺骨を納める箱だということを知ったわけであったが、そう聞かされてもなお、私には驚いて飛び上るというようなショックを受けることがなかった。私もまた何時か戦争に馴れ、死に馴れてしまっていたのだろう。

六月二十一日　木

食卓番にて腕時計を紛失す。午前、午後とも釘抜き作業。夜、十一時半頃より一時間半近く退避。足おもく、呼吸困難つづく。

＊朝食の跡始末をするために流し場へ行って食罐を洗うとき、私は腕時計をはずして上着の脇のポケットへ入れたところまでは覚えているのだが、それから先は不明である。

落したのではなく、盗られたのだろうと今でも思っている。軍隊は泥棒の巣窟である。寸時の油断もならない。空襲警報が出て真暗な中で何かを紛失すると、二度と出て来たためしはなかった。私は時計を失ったために早速この翌日から日記の記入にも不便を感じはじめ、上陸の時には、やむを得ず前記の木島二水の懐中時計を借りて外出せねばならぬようになった。

六月二十二日　金
午前中、釘抜き作業。午後は作業員として酒保へビールと煙草の配給を受取りに行く。
夕刻、ほうよく一箇（九十銭）配給。

六月二十三日　土
[*1]配食棚掃除当番のため、金上水とともに朝、昼、夕の三度とも烹炊所へかよう。九時半より総員集合にて副長の訓話。午前、材木運搬。午後一時頃より二時半頃まで退避。三時より砲台兵舎にて[*2]月例診察（花柳病及び痔疾の検査）あり。終了後、直ちに待避壕の土運びにかかり、モッコを担ぐ。相変らず体が重く、顔面もはれぼったい。十時頃より一時間近く警報のために起さる。

＊1　烹炊所で主計兵がわれわれの食罐を載せて置いてくれる木の棚は、分隊ごとに各班が交替で掃除に行くことになっていた。このとき同行した金上水は韓国人で、私が「横国水」であったのに対して彼の兵籍は「鎮志水」であった。鎮海司令部所属の志願兵だったからである。「鎮志水」は彼のほかにも横団にたくさん来ていた。

＊2　横須賀市のはずれに安浦という私娼街があったことについては、ずっと前にも触れて置いたが、半舷上陸の折を利用して昼遊びにかよっていく兵隊の数も少なくなかったようである。しかし、海兵団には警戒警報でも駆け戻らねばならぬという規則があったので、そういう時には彼等も随分いそがしい思いをするようであった。金だけ払って駆け戻って来てしまったような折には、解除と同時にもう一度引き返していって所期の目的を果していた様子である。また、入湯が附くようになってから後も下宿を持たずに、かならず安浦で宿泊するという兵隊もあったようだから、そういう意味でも、月例検査は絶対に必要であった。

六月二十四日　日

雨天。昨日のモッコ担ぎのためか、起床時に体じゅうが痛む。朝、諏訪一整の貴重品を届けるために、雨着を着て新病舎へ行く。午前、材木運搬と防火用水汲み。午後、横病送院の金井一水の荷物を届けるために新病へ行き、帰途、貸与品の毛布と食器とを還納のため一兵舎の三分隊に立寄る。

六月二十五日　月

雨天。朝、洗濯。午前、午後ともに待避壕の土をモッコで運ぶ。その上、午食時に茶汲*み当番をさせられたので、肩の皮膚がすりむけた。夜、九時のラジオニュウスにて沖縄本島は最後の攻撃にうつりし由を知る。

＊他の分隊では各班ごとにヤカンで烹炊所へ湯を汲みにいったが、保健分隊では分隊全員の分を大きな水桶に入れて二人で担いで来た。

六月二十六日　火

保健行軍。空襲の情報ありしため遅れて九時半出発。森崎*練兵場に行く。先方にて演芸会を催し、四時帰団。

＊大津の刑務所はこの練兵場の近傍にあって、病歿者の火葬場もその刑務所に近接していた。海兵団関係では最も暗い印象を与える二つの施設が、此処に集められていたと言えるであろう。安浦の私娼街は此処へ行く途次にあったが、その附近にも強制疎開

が執行されるらしく、住居をうしなう人々が路上に正札をつけて家具を売りに出している有様が、行きずりの私の眼にも傷ましく映じた。砂埃と陽光とを浴びながら路上に置かれてあった雛人形は、その華やかな色彩のゆえに一そううらぶれて哀れであった。

六月二十七日 水

半舷上陸[*1]。時々小雨、蒸暑き日なり。十時、直子は一麦を伴ない集会所に来る。長井屋強制疎開のため、吾妻館に至り休息。一一・四五警報[*2]発令のため海兵団に戻り、解除後直ちに引返す。姉は再び罹災しわが家と渋谷は無事と聞く。栗平疎開のことなど相談す。入浴あり。外出中、小林政夫君来訪の由。

△直子の持って来てくれたもの[*3]——赤飯、玉子焼、精進揚、ゆでた馬鈴薯、玉子パン、饅頭、あられ、夏蜜柑、鯣《するめ》、煙草。

＊1　デコちゃんなる架空の人物をこしらえ上げて、直子に報らせた上陸日がこの日であった。田浦以来二ヵ月ぶりの面会である。母と同行したことのある長井屋を訪ねてみると、強制疎開に遭っていたので、さいか屋の裏通りに吾妻館という旅館を見つけて階上の部屋に通された。

＊2　私が「このごろは毎日午ちかくになると警報が出るんだ。そうするとかならず一機か二機B29が飛んで来るんだけれど、そう分っていながら撃墜できないんだから、敵さんにナメられちまっても仕様がないな」というようなことを言っているうちに、この日も警報が発令になった。堅固な防空壕をもつ団内へ戻っていく私はよかったが、土地不案内な横須賀でまったく無防備な木造の旅館へ残されて、私がふたたび戻って来るのを待っていた直子と一麦は、さぞかし不安であったろう。そういう意味でも、面会に来ること自体非常に危険な行為であった。私が応召中に一麦の顔を見たのは、この時が最後である。

＊3　直子が持参してくれた食品名は、日記の別のペイジに記されてあるが、ここへ挿入して置いた。随分いろいろ持って来てくれたものだと思う。戦後の現在から見れば貧しいものばかりかもしれないが、当時の状況下でこれだけ揃えるのは大変だったろう。

六月二十八日　木

午前、午後とも、明日の慰問演奏会[*]の舞台に使用する材木を運び、相当以上に疲労す。作業員のみ特別入浴あり。塵紙《ちりがみ》一巻を二人に配給。

＊野外演奏会の舞台を砲台兵舎前広場に仮設することが保健分隊に命じられ、私たちヒラの兵隊は長さ一〇メートルほどもある磨丸太を団内倉庫から一日中運搬した。運ばれた丸太は、下士官たちの手によって巧みに組合わされ、ナワでからげられて、どんどん舞台の形が出来上っていった。鳶《とび》職や大工出身の者が選ばれたのであろうか。

六月二十九日　金

午前、分隊訓育。終ってカボチャ畠の草むしり。午後二時より中央広場にて東京音楽学校教職員、ならびに女生徒による慰問演奏会。金子登、黒沢愛子、酒井弘、浅野千鶴子氏等出演。女生徒はヴァイオリン合奏。夕刻、砂利のごとき枇杷《びわ》、パン、各一箇配給。

＊この野外演奏会は、海兵団の全員を対象にして開催された。われわれは地面に腰をおろして聴き入っていたが、あの一万人ちかい聴衆のうち、はたして終始熱心に耳を傾けつづけた者は幾人あっただろうか。甚だ失礼な言い方ながら、演奏者たちは曲目の選定を誤まった。兵隊という対象の認識に欠けるところがあった。兵隊たちは終始セイシュクにしていたが、それは感銘が深かったからではなかったようである。高級すぎて、理解に困難なところから生じた現象だった様子なのである。最も高い拍手の音が聞かれたのは浅野千鶴子氏の独唱の折であったが、それも原語でうたわれたリイド

の場合ではなく、日本語の「愛国の花」という曲目の時であった。私もその例外ではなかった。

なお、ここへ書くのは如何《いかが》かとも思うが、他に適当な挿入箇所が見当らないので許していただく。不馴化性全身衰弱症という特殊な疾病によって日々に生命力を減少しつつあった私は、この当時、ほとんど全く男性としての慾望を喪失していた。剝奪されていたと言ったほうが一そう適切だったかもしれないが、そんな私にも、時おり衝動的に、女性の音声を聴きたいという希求が生じて来ることはあった。女性の肉体を通じて発せられる音声――それも、たとえばラケル・メレエやダミアのシャンソンのような、すこし崩れかかった声に、私は自身の聴覚をくすぐられたいような、そういう願いを感じていたのである。慾望を慾望という形では喪失してしまっていた私にも、そんなふうにデフォルメされた形で意識が潜在していただろうか。軍隊という閉じこめられた世界の中で、私はそんなふうにゆがめられていたのであったかもしれない。

六月三十日　土

雨天のため、午前、午後とも坐学となる。午前は砲術科補修教育。午後は自選作業と班長訓育。夕刻、直子より来信。栗平行きのことなど書かれてあり。脚の膨み甚だし。

六月二十八日附[*1]、直子よりの来信。

久しく御無沙汰いたしまして何とも申わけなく存じます。その後は如何《いかが》御過しでございましょうか。新しい分隊に御移りになられました御通知を先日頂きましたので、御体の方も御恢復になりましたこと丶喜んでおります。

その後、度々の空襲にも御蔭様で一同無事に過しております。御父様の方も御無事で御ざいますから、何卒御安心下さいませ。御姉様は大宮より御上京なさいまして大隅さん方の二階借りでお暮しになっておりましたが、去月二十五日の夜又々罹災なさいまして只今は湯ヶ島の方においでになっております。

尚、度々かなり危険な思いを致しましたので、その度毎一麦をおぶってはにげますので、最近は一麦も大分こわがるようになりまして可哀想ですので、近日山の方に疎開いたさせるつもりで種々手配いたしました。住所は「群馬県吾妻郡長野原町栗平[*2]、浅井政三郎氏方」で御ざいます。

山の人になって畑を造り、自給自足の覚悟で働くつもりでおります。その家の目の前に三千坪の貸地がありますので、そこを借りて畑にいたしますが、三千坪と言えば一町で、一町造るのは誠に大変だと申されましたり、又一町造ったら本職だと言われたりしておりますが、とにかく一生懸命農業にはげむより他にありません。今度お目に懸れる時には、すっかり山の中の百姓姿になっておりますでしょう。

昨二十七日親戚に相談に参りました結果、帰宅いたしましてから妹達とも種々相談いたしましたが、一日も早く行った方がよいということになりまして、大たい来る七月三日に行く事に致しました。なるべくその通り三日に実行できますよう、又いろいろの手配等それ迄にすませたいと思っております。私は荷物のことも御ざいますので、来月十日か半ば頃まではどうしてもこゝに残るようになると存じます。そして、それから平野方に引上げて、そちらの荷物を仕末いたしましてから山に行くようになりますから、どうしても七月末頃になるでしょう。山は全くいゝ所です。昔のまゝの静かな美しさです。前の隊の方にもこのことは大たい御通知いたしましたが、御存知ない御様子ですのでとりあえず御知らせ申上げます。

御元気で御過し遊ばされますよう、それのみ心から御祈り申上げております。

御世話になります班長様方にも何卒よろしく御願い申上げます。

＊1　この手紙の二十八日という日附は、なんとしても腑に落ちない。直子は二十七日に一麦を連れて横須賀へ来ているのだから、二十八日にはこんな手紙を書く必要がなくなっていた筈なのである。しかし「昨二十七日親戚に相談に参りました結果」という文面が見られる以上、二十八日と封筒に認められてある日附（消印不明）を否定するわけにもいかない。無理に解釈をすれば、直子は二十七日横須賀から帰宅したのち

に妹たちとも相談の結果、疎開の日取りが七月三日と確定したので、その日取りを報らせる手段として、故意にこんな書き方をしたのかとも考えられぬでもない。二十七日の面会は秘密にしておかねばならぬものであった以上、その事実を伏せて疎開の日取りを通知するためには、こんな書き方をすることも必要であったかと思われるからである。

が、しかし、それは何処までも二十八日という手紙の日附を認めるという前提の上に立っての解釈であって、この手紙が実際に面会の翌日書かれたものであったとすれば、余りにも委細が尽され過ぎている。直子のトボケ方がウマ過ぎる。二十八日という日附は一応不問に附して、やはりこの手紙は面会以前に書かれたものであったと見るより仕方がないのではなかろうか。二十七日に面会ができて、二十八日に直子がこの手紙を書き、三十日に私が受信したにしては、なんとしても腑に落ちないものがあるけれど、現存する日記と手紙のどちらを否定するわけにもいかぬままに、一切の作為を棄てて、疑問は疑問のままの形でここに掲載しておくことにした。

＊2　栗平は軽井沢と草津とをむすぶ草軽線の沿線にある高原の寒村である。浅間山の山容が間近かに迫っていて、法政大学村に近い。直子の実家の家族は戦前まで毎夏この家を借りて避暑にいき、浅井家は直子や弟妹たちにとっても馴染みふかい家であった。

拙宅の家財のうち目ぼしいものはすでに越ヶ谷近在の平野方に疎開してあったし、私との面会の便宜を考えれば、東京からあまり遠方へは移りたくないというのが直子のこの当時の心境であったが、すでに本土決戦は必至と伝えられていた。敵軍が上陸した場合、越ヶ谷近在では危険だと見通されるに至っていたので、この決心がくだされた模様である。「山は全くいゝ所です。昔のまゝの静かな美しさです」という文面からもうかがわれるかと思うが、直子はこの幾日か以前に単身栗平へ出向いていって、疎開の下話を取決めて来てあった。

七月一日　日

朝食前、不馴化性患者*のみによって編成せられたる二十七班に移る。班長、小池政二上曹。次席、佐藤信治二機曹。午前中、大外掃除。午後、日曜日課の舎内掃除。夕刻、入浴。二三・〇〇——〇一・〇〇警報のためデッキにて起床。ビール配給あれど取らず。

＊不馴化性患者だけを集めて二十六班と二十七班の二班が編成され、われわれは十一兵舎から十二兵舎に移動した。もともと不馴化性全身衰弱症という病名は、軍隊生活に馴れぬところから生じた疾病という意味を現わしていたのだが、団内の患者に関するかぎり、この命名はあまり大きく誤まっていなかった。たしかにこの症状は、いわゆ

る「若い兵隊」の上にのみ見られるものであって、われわれの班の場合も、班長や次席と不馴化性とはまったく無関係であった。

二十六班と二十七班の班員は、健康の恢復を俟《ま》って固有班——自身が実際に所属している班へ戻っていくことが建前とされていて、私の籍も従前に引きつづき三班に置かれてあった。そんな事情から、二十七班長の小池上曹は夜になると固有班へ帰っていってしまったし、次席の佐藤兵曹は私が応召中に接したどの下士官よりも善人であったから、私はこの班へ移されたことを心から喜んだ。佐藤兵曹の年齢は私より十歳ぐらい下であったろうか。私が寝る前に軍服をたたもうとしても、そうさせまいと努めるような人で、三班長のT・K兵曹とは対蹠的な存在であったが、そのために私たちが横着をきめこんだというような記憶はまったくない。

復員後、私は日本橋の交叉点で都電を待っていたとき、近づいて来た電車の中から運転手に手を振ってニコニコ笑いかけられたことがある。その運転手が佐藤兵曹であった。私は早稲田までずっと話しつづけて来たが、下車する時、どうしても切符は要らないと言われて甚だ恐縮した。酒が気違い水と言われるように、戦場や軍隊もまた、人間のなにかを歪め狂わせてしまう場所であることには絶対に間違いがないが、軍隊に入って特別イヤな面をさらけ出してしまうような人間には、やはり平素からイヤな面が潜伏していたからではなかったのだろうか。

七月二日　月
雨天。朝食後、三班へ呼ばれて十二文の半靴の交附を受く。午前、十一兵舎に於て普通学国語科聴講。午後、十二兵舎で手旗をみっしりやる。夜、ほまれ三十六本配給。
＊九文七分の足に十二文の靴ではどうにもならなかったが、何かの機会に足に合ったものと交換すればよいのだと三班長に言われて、無理に受領書を書かされてしまった。どんな理由から、突然そんなものが交附されたのか私にはまったく分らない。履けない靴などもらっても迷惑な話であった。

七月三日　火
〇一・〇〇——〇二・〇〇警報にて起されし折、煙草入れ（ほまれ六本在中）紛失。雨天のため午前中は坐学にて砲術科補修教育。午後は雨もあがりたれど道ぬかるみのため、滝田分隊士の訓話。終って後半は身廻整理。直子にハガキを出す。夜、警報のため二十分ほど起きる。

七月四日　水

朝、細雨ありたるも直ちに上りしため〇八・〇〇出発、走水《はしりみず》へ保健行軍。陸軍砲兵隊門前の海岸砂浜にて少憩後、伊勢山貯水池にて午食。B29飛翔せるも起き上る者なく、樹蔭に睡《ねむ》り続く。一六・〇〇帰団。入浴あり。

☆留守宅の栗平疎開が実現に移されたのはこの日である。三日出発の予定を一日延期したのは、この日が私の誕生日に相当していたからだということであったが、もともと妹たちにしてみれば、直子を一人東京へ残して自分等だけ疎開することには不同意であった。そのため、三日の出発にはもともと渋りがちなものがあったわけで、私の誕生日は、たまたま彼女等の去就に一つのキッカケを与えたに過ぎなかった。

直子、光妤、幸子、一麦の四人は辛うじて始発の列車へ乗り込むことに成功したものの、疎開を目的とする乗客たちがいずれも大荷物を持ち込んでいたため、車内の混雑ぶりは大変なものであったらしい。勿論、座席を占めることなど望めるわけもなかった。しかも直子は、栗平へ着くや否や大雨に遭って全身ぬれねずみになっていたのにも拘わらず、浅井方では一時間ほど休んだだけで三人を後に残して、直ちに単身帰京の途についた。東京から地方へ逃れていく人はあっても、地方から上京する人はなくなっていたらしい。帰りの車中ではずっと坐って来られたとのことであったが、東京からでは、軽井沢まででも日帰りには無理な行程である。まして栗平は、軽井沢から更に二時間も奥へ引込んだ所にある。直子の乗った終列車は延着して省線との連絡がなくなってしまったため、上野駅で徹夜をして翌朝の一番で帰宅したというのであるから、その時の疲労ぶりは想像に困難でない。猛烈な下痢が始まったというのも、強行軍の結果であったろう。私の次の上陸日は九日であったが、直子はその日の朝まで寝込んでしまったとのことである。

こんなに直子が急いで帰京したのは、留守の間に、私から何か聯絡があってはいけないと考えたからだということであった。

七月五日　木

体重測定、四二・五キロ。洗濯。午前、練兵場にて応急防護術（油脂焼夷弾とエレクトロンの消火法）見学。午食直後、久しぶりに防空壕へ退避す。午後、昨日行軍に携帯した水筒と雑嚢とを八兵舎の屋上へ返済に行く。夕刻、一兵舎の三分隊へ給与の照会に行くも名簿になし。徳田氏、森、小林、一雄君にハガキを書く。二三・〇〇頃から二〇分ほど警報のため起さる。

七月六日　金

朝、洗濯。午前、分隊長の分隊訓育。前回の訓話の内容を尋ねしも記憶せる者なく、カンカンに怒りて訓話中止となる。午食前及び午食後の二度にわたり退避。午後、防空訓練。二一・〇〇――二二・〇〇不寝番。二三・〇〇警報発令。情報係を命ぜられ、降雨のため寒さにふるえ上る。

七月七日　土

昨夜二三・〇〇発令の警報は〇三・三〇に至り漸く解除。情報係[*1]のため心身共に疲労。朝食後、過日請求せる略衣袴と夏襦袢《じゅばん》を受取りに被服庫へ行き、夏襦袢二枚受給。午後、給与へ照会に行き、漸く二十二日俸給渡しの回答を得る。夕刻、三班長に呼びつけられ懐中所持品検査[*2]とM検とを受く。

＊1　このとき分隊員は防空壕に退避せず、兵舎で命令を待機していたので、私は分隊事務室にあるラジオを聴取して、空襲の情報を即刻居住区に伝達する役目を仰せつけられていたのである。もともと大本営や防衛司令部から発表される報道は、一たん文書にしたものが朗読されるためか、漢語調の生硬なものであり、「戦爆聯合の敵大編隊は鹿島灘《かしまなだ》方面より西南方に侵入し来り、数梯団に分れて京浜地区に波状攻撃を加え……」といったふうな長文であることを常とした。したがって、それを耳で聴き取って直ちに誤りなく口頭伝達するためには細心の注意力と極度の緊張とを必要としたの

で、不寝番終了の直後から四時間半にわたってこの役を唯一人でつとめさせられたのには、ほとほと参った。

＊2　私はこの時にも日記帳をポケットに入れていた筈であったのに、それをどんなふうに秘匿したのであろうか、まったく思い出すことができない。日記には当のT・K兵曹の名も書かれてあったのだから、冷水を浴びせられたような思いであったろう。
M検というのは古い学生用語で、男性の象徴を検査される意味である。所持品の検査を受けることはやむを得なかったが、花柳病の有無を班長が診断するなどというのは明らかに逸脱行為であろう。また、その折の態度のいやらしさから言っても、それがT・K兵曹の個人的な趣味であり、われわれに対する玩弄《がんろう》であることは明白であった。バッタアや木琴というような罰直とは全く別種の屈辱を、私はその行為に感じた。

七月八日　日

朝礼後、＊浅間神社参拝。午前、分隊長の軍人勅諭奉読。ひきつづき釘抜き作業。午食後、退避。このため時刻は遅れたが、日課の大掃除は行われた。入浴あり。夜中、警報に起さる。

＊神社参拝や勅諭奉読があったのは、大詔奉戴日のためであった。十二月八日宣戦の詔

勅がくだったのを記念して、毎月八日が大詔奉戴日と定められていた。

七月九日　月
甲外出。横須賀駅まで直子を出迎えに行き、駅売店にて竹のパイプ（八十銭）と『標準海語辞典』（八円）を購入。〇八・四〇警報のため海兵団に戻り、再び集会所に行く。直子*は〇九・一三着の電車で来た由。下痢の由にて衰弱はなはだし。吾妻館に行く。一一・四五、二度目の警報が出たが三〇分ほどにて解除のためまた戻る。一八・〇〇帰隊。
△直子の持ってきたもの――白米の御飯、ゆで玉子、いった大豆、むしパン、あられ。

＊一麦は七月四日栗平へ疎開していたので、この日はむろん直子一人であった。

七月十日　火
朝礼直後退避。このため朝食はおくれて〇七・〇〇となる。食後また直ちに退避。一二・二〇解除となれるも、午食には汁なし。戦時食の茶飯なり*。一三・〇〇、三度目の退避を為し、一七・二〇夕食のため壕を出る。このため外出員の上陸は取消し。更に夜に入りても警報のため二度起さる。やや下痢気味となる。

＊警報が出れば駆け戻らねばならぬという制約をもっていた以上、この日のような波状攻撃を受ければ、よしんば上陸が許可されても、外出員には、幾らも市中にとどまっている時間がなかった筈である。それにしても、半舷上陸を一日まるまる取り上げられてしまったのは、さすがにこの日が最初であり、そういう日は次第に増していくようになった。いよいよ戦局は終末に近づき、日本の敗色は明白になっていたのである。

七月十一日　水
〇四・一五起し。〇七・五〇——〇九・三〇甲待避。〇九・五〇訓練消火。栗平の幸子ちゃんよりハガキ、返事を書く。午後より三兵舎に於て水雷術補修教育。講義なかばより降雨となる。入浴。夕刻、光好さんからもハガキ来る。

七月十二日　木
降雨。午前、十一兵舎に於て防毒面に関する講義。午後、自選作業にてノオトを整理。
二三・三〇——〇二・〇〇、風雨はげしき中を退避す。

七月十三日　金
降雨はげし。午前、自選作業（の名目にて、佐藤兵曹の海戦ならびに艦上生活の雑談をきく）。午後、雨あがり衛生講話ありしも作業を命ぜられ、消毒場のトタン屋根葺きに従事。昨夜の風雨による被害の補修なり。鈴木一水より万年筆入手、七円五十銭。一本だけでは不安で紛失に備えた。直子と栗平にハガキ出す。

七月十四日　土
情報入りしため〇四・〇〇起し。午前中、鶏舎用材木運搬。終って防火隊員による防火訓練見学。午後は警報解除となれるも、団内哨戒《しょうかい》第一配備のため作業なく、デッキにてうつらうつら眠り、夕補科に口達伝令訓練。外出員外出なし。

七月十五日　日
〇四・〇〇起し。午前、南瓜《かぼちゃ》畑の草むしりの後、材木片附け。細雨、降りてはやむ。今日も空襲のため外出どめなり。午後、縄綯《な》い作業に出て俵ほぐしをする。ほまれ二個（十四銭）配給。二〇・〇〇――二二・〇〇不寝番。室蘭、釜石に艦砲射撃ありし由。
二十八班に赤痢患者発生。

七月十六日　月
〇四・〇〇起し。午前、分隊長の分隊訓育。主として外出時に於ける注意なり。（連日の外出どめと考え合せて皮肉な気がする。）午後、体重測定、四三キロ。*一四・三〇第三配備となり甲外出許可さる。午後の後半は防火用火叩きの修理。二三・〇〇――〇二・三〇退避。

*前回に比べて〇・五キロふえたわけだが、それでもまだ退室当時の四四・五キロには及んでいない。

七月十七日　火

〇五・三〇警報に起さる。雨降りはじめ、昨夜より気温下降のため肌に冷気を感ず。朝食後、退避。午後、兵舎の周囲の溝直し。午後、自由時間を与えらる。別科時、医務室に於て検便、過日赤痢患者発生のためなり。本日も入湯のみにて甲外出なし。二三・四〇――〇〇・二〇起さる。水戸に艦砲射撃。

七月十八日　水

〇四・三〇起し。午前中、兵舎前貯水池[*1]の周囲片附けに従事。午食後、直ちに退避せるところ、一五・三〇ごろ空襲あり。壕内にありても体に震動を感じ、耳鳴りをおぼゆるほどなり。一七・〇〇解除となり、戻りて見れば兵舎は破壊されて海岸寄りの半分をうしない、戦死者三名を数う。[*2] 航海学校に移転す。

＊1　この貯水池は以前からあったものではなく、待避壕と並行して兵舎の近傍に新設されたものであった。「周囲片附け」とあるのは、漸くセメントが固まったので、抑えの板をはがしたり、打ち込まれた丸太を引き抜いたり、石や土の掘り返されたものを埋めたりしたわけで、なかなかの重労働であった。

＊2　遂に来るべきものが来たというよりは、むしろ軍港都市の横須賀が、この時まで一度も空襲の実害を受けていなかったことのほうが不思議なくらいであった。三人の防火隊員の死については前にも触れて置いたが、兵舎内の足で踏みかためられた通路の土のくぼみには多量の流血が湛《たた》えられていて、無残なものであったらしい。兵舎がもののみごとに真半分から崩壊してしまっていたために、私はその死屍を見なかった。海兵団中では十八名の犠牲者を出したということである。

被災した兵舎は私の起居していたほうの半分を残していたわけであったが、退避するとき、居住区の棚の上に載せていった私の風呂敷包にも弾痕があり、四つにたたんで置いた官給品の夏襦袢をひろげてみると、胸に二つ、腹の部分に二つ、等間隔を置いて直径三センチほどの穴が四箇あいていた。

七月十九日　木

○四・○○起し。朝食後、直ちに退避。壕を出て一時間余にわたるデッキ掃除。*上等兵と兵長は十兵舎、十一、十二兵舎の修理に当る。午食直後、また退避。一三・○○解除となるも、そのまま壕内に残留して荷物（班員の私物）番兵となる。夕食後、一応修理成った十二兵舎に戻る。二三・○○――○三・○○退避。

*私たちの兵舎は畳敷きであったから、掃布を持ったのはずいぶん久しぶりで、眼がくらむほど疲労した。しかし、私もさすがに新兵当時とは違って、おなじ疲労を自覚したにしろ、やはり掃布の取扱にはよほど上達していたようであった。

七月二十日　金

朝、堆肥積込み作業。一○・○○外出員外出許可。午前、釘抜き作業。午後、材木運搬。夜、ようかん四分の一箇配給。ビールは取らず。

七月二十一日　土

○五・○○起し。定時の○六・四五甲外出を許可さる。*幸運なり。直子は○七・一四着の電車で集会所に来る。先日よりはるかに元気になって居り、荷物も大たい整理がついた由。小雨の中を吾妻館へ行きしところ、掃除が済んでいないから出直してくれと言われ、路上で時間をつぶす。一一・四五警報のため帰団せるも直ちに解除。この頃より風雨はげしくなる。夕刻はそれもあがって六時帰隊。

△直子の持って来たもの――白米の御飯、玉子焼、鮭の罐詰、塩餡の饅頭（砂糖をつけて食べた）、あられ、大豆。

＊この前後の日記をすこし注意して読んでくだされば、連日のように外出どめの命令が出ていたことが分っていただける筈である。殊に私の場合は定時に上陸できたのであるから、稀にみる幸運と言うべきであった。保健分隊の半舷上陸は十二舷と呼ばれるもので、十二日目に一度ずつ各自の外出日が廻って来る仕組みになっていた。したがって、私は九日に直子と面会した折にも次の上陸日は二十一日だと言い渡してあったので、この日の面会には格別の連絡をしなくても済んだ。そして、私がこの日の別れ際にも、次の上陸日を八月二日だと教えて置いたことは言うまでもない。直子はその八月二日にも、その次の十四日にも、横須賀へ来た。しかし、私は外出どめを受けて上陸できなかった。したがって、応召中に私が直子と面会したのはこの日が最後になったわけである。

七月二十二日

○四・○○―○五・○○不寝番。珍しく夏らしき日なり。甲外出は○八・三○許可となる。午前中給与へ行きしところ、袋が見当らぬとの理由にて、二十五日再出頭を申し渡され、帰って兵舎の屋根修理。午後、待避壕掘り。夕食後、久しぶりの入浴に行きしところ、半靴の盗難に遭う。代りの靴ありたれば番兵に届け、巡検後、再訪してその靴を貰う。

七月二十三日　月

雨、降ったりやんだり。いちじるしき寒さ。午前、待避壕穴掘り。午後、千葉上水の入室を送って旧病に行き、帰途給与に立寄って五月より九月までの俸給及び賞与、計一三八円受取る。*デッキに戻ると間もなく千葉上水は送院に変更との報らせあり、小野、相川、金の三君と共に担架に載せ横病へ行く。一七・四○帰隊後食事。夜、菓子1/2袋配給。油で揚げたものなり。七月俸給番号、四七○三。

＊十六円八十銭の月給は五ヵ月で八十四円になるから、賞与としては、五十四円もらった計算になる。この五十四円は俸給の三ヵ月分強に相当する。

七月二十四日　火
朝、小池班長、佐藤兵曹、金上水、鈴木一水、相川一水の五人とともに防空壕へ千葉上水の衣嚢をさがしに行き、十時ごろ戻って釘抜き作業。午後も釘抜き。今日もまた寒い。午後の課業を終ってデッキに戻り、*光好さんからの手紙を受取る。一麦の喋った通り書いた由だが、栗平の生活が分って面白い。一麦は元気の様子。チリ紙配給。

＊この手紙も紛失してしまって惜しまれるものの一つである。

七月二十五日　水
○四・○○起し。午前、舎内外整備。午後、モッコ造り。足またむくみはじめ、顔面も腫れていると二、三名より言わる。二二・○○――○○・二○退避。天候ようやく回復して暑さ戻る。

七月二十六日　木
○四・○○起し。外出員、午食直後出発。午前、午後とも釘抜き作業。午の休憩時間に小林（政夫）上水来訪。「*あんたのことだから、独りで煙草盆にいるだろうと思った」とのことなり。二二・三○警報。退避せず。

＊私が軍隊生活の間に、打木君とこの小林君以外、かくべつ親しい話し相手を一人も持たなかったことは事実である。それにしても、私は他人の眼にもそんなふうに映じていたのだろうかと、この言葉には苦笑を誘われた。平常の私に孤独癖はない。むしろ多弁なほうだと思っているくらいだから、これは応召中における特殊な現象であった。軍隊生活に溶け込もうとする努力の不足も一因であったが、うっかり敗戦思想の一端などをのぞかせては大変だという警戒心も私にはあった。

七月二十七日　金

〇五・〇〇起し。体重測定、四四キロ。午前、午後とも釘抜き作業。午休みに小林君がほまれ[*]を七本持って来てくれる。二二・三〇——二二・〇〇警報。退避に至らず。二二・〇〇——二三・〇〇不寝番。

＊前日の午休みに小林君が訪ねて来たとき、私が煙草に不自由していることを訴えたので、持って来てくれたというようなことではなかったのかと思う。小林君にしても、おそらく煙草には不自由であったに相違ないのだから、その好意には感謝せねばならないのだが、前にも言ったように、彼は海兵団に所属していなかった。実施部隊の嵐

部隊では、海兵団より何ほどかでも配給が潤沢であったのかとも考えられる。

七月二十八日　土

〇五・〇〇起し。朝礼時に新班編成の申し渡しがあり、我々の二十七班は二十六班と合併して十八班となる。班長、成井徳一郎上曹。父よりハガキ。一〇・二〇――一三・三〇退避。午前、午後とも団内倉庫作業員としてモッコの手縄通し。足がむくんでいるので、坐業なら何でも嬉しい。きんし一箇配給。二一・〇〇――二二・〇〇退避。本日の外出員出発は一四・〇〇。

七月二十九日　日

〇五・三〇起し。午前モッコ造り。午後、大掃除。午前中、警報三回あれど退避なし。朝、また小林君来訪。先日来のデキモノ*ますます悪化し、右足のむくみも甚だし。ほまれ二十本配給。

*私の身体に一ばん早く疥癬の症候がみられたのは頭のテッペンで、それを自身で発見したのは走水へ保健行軍にいった時のことであった。伊勢山貯水池で午食になり、草《くさ》叢《むら》に寝転んでいたとき、妙にムズがゆさを覚えて手をやってみると、指の先にベタッ

とした感覚があって、爪の間に膿《うみ》が附着しているのを認めたのである。患部は毛髪の中であったし、年中帽子をかぶっているので、症状はますます悪化の一途をたどるばかりで、遂には臀部や下肢にまで拡がってしまった。痛さは自身の意志によって或る程度までこらえられるが、カユサに対しては忍耐も無力である。私の場合など、旧病に入室して一夜じゅううなりつづけていた下士官とは比較にならなかったが、それでも、そのカユサのために眠りつけない夜を私は幾度か味わねばならなかった。

不馴化性全身衰弱症が「若い兵隊」の上にのみ見られた疾病であったのとほぼ同様に、疥癬もまたきわめて少数の例外を除いては、兵長以上を見舞うことがなかった。この現象は、下級兵ほど身体ならびに衣類の清潔を保つ機会や余暇を与えられていなかったという事実を如実に物語っている。下級兵のみによって編成されていた私と同班の兵隊は、ことごとく疥癬患者であった。ことに、疥癬は寄生虫による伝染性の皮膚病であったから班長には嫌われ、最後まで唯一人感染をまぬかれていた私は班長から特に指名を受けて、食卓番以外の折にも食事の給仕をしていたほどであったのに、やはりとうとう敗戦の間際になってからやられてしまった。全員罹病者の中にあって四六時中起居を共にしていながら、私一人感染を免かれるわけはなかった。

戦後、私たちは浮浪者や浮浪児の身体にこの症候の著しい例証をいやというほど数多く見せつけられてしまったが、私が家庭へ持ち帰って家族の間に蔓延させたように、浮浪者や浮浪児の大半もまた、元はと言えば復員軍人の軍隊みやげを背負い込んだのではなかったのだろうか。少なくとも、譬喩《ひゆ》的にはそう言っても誤りではないと思われるほど、軍隊内に於ける疥癬の猖獗《しょうけつ》にはすさまじいものがあった。乱世以外に疥癬などというものが猖獗するわけはない。軍隊でもあんな最下等のものがあれほど猛烈な勢いで拡がったのは、日本の敗色が濃厚になってから以後のことであった。

七月三十日　月
午前、午後ともモッコ造り。一八・二〇*——二〇・〇〇団内倉庫のモッコ造り作業。

*夕刻の六時二十分から八時までといえば民間では宵の口だが、軍隊では深夜ではないまでも、明らかに夜である。つまり、夜業で砂出し用のモッコ造りが開始されたわけだが、私には、如何にもそれが追い詰められた軍隊のドロナワ的な対策だというふうにしか考えられなかった。敗戦後の今だからそんなことを言うのだろうと思われても致し方がない次第だが、戦局の推移に関しては何らの知識を摂取する機会をも与えられていなかったわれわれにも、日本の敗戦必至は本能的に感得されていた。この時ではなく、ずっと以前のことであったが、私は下士官の一人から、「可哀そうだなア、

お前たちも今にメリケン波止場でメリケン粉かつぎか」と言われたことがある。私一人が特に鋭い洞察力を持ち、先見の明があったというようなことでは、決してなかったのである。

八月一日　水

朝、時間[*1]を切りし藤原上水の行方をさがす。午前、貸与の略衣袴を洗濯。また遊びに来た小林君と航海学校[*2]の洗濯干場へモグって午前中をつぶす。午後、兵舎前の待避壕作業。別科時間に入浴あれど、デキモノのため入らず。二〇・四〇――〇三・二〇退避。二[*3]〇・〇〇警急呼集あり。

＊1　入湯外出は夕食後に許可されて、翌日の朝食までに戻って来ることになっている。時間を切るというのは、その門限に遅刻することである。朝食がはじまっても藤原上水が戻って来ないので班長が心配しはじめ、団門の衛兵所に問い合せると、五分ほど時間は切ったが脱走ではないので分隊へ帰したという返事が得られた。そのため、十八班の者は勿論のこと、分隊中から藤原上水の顔を知っている者が集められて、団内を限なく捜し廻ることになった。殊に私は入団以来、一年ちかくも海兵団にばかりいたので、班長から「お前は海兵団のヌシみたいなもんだから、一人で捜してみろ」と

言われて単独行動を取った。防空壕の中から海岸のほうまで、一時間余も歩き廻って分隊へ戻って来てみると、当人は別の者に発見されてデッキに戻って来ていて、ションボリうなだれていた。時間を切ったために、分隊へ戻って来にくくなってしまったのだそうである。それでも、彼の顔が見られたので、私たちはほッと胸をなでおろした。帰って来なければ、われわれの班は勿論のこと、分隊全員がなんらかの形で罰直を免かれるわけにはいかなかったからである。

どうも時期がはっきりしないが、米内光政海相の名で兵員の罰直を厳禁する諭告が掲示されたのは、戦争末期もずっと押し詰ってから後のことであった。それ以来、われわれもバッタアを受けることだけはなくなってしまったが、果せるかな、その達示が出た夜は予期通り総員整列を掛けられて、「こんな命令が出たぐらいでタルんだらとんでもない大間違いだぞッ。裏には幾らでも裏があるッ。バッタアがいけなければどんな方法でもあるッ」と薄気味のわるいスゴ文句をならべて脅かされた。そして、われわれの面前でその最初の刑罰を受けたのは、坐骨神経痛の患者であった。彼もまた上等兵の一人で、上着の中かどこかへ醬油罎を忍ばせ、団内から下宿先へ持ち出そうとしたことが発覚して処刑を加えられたのである。

海軍では、通常手廻りのこまごました物を入れて置くために手箱と称するものを各自が渡されている。この箱は縦三〇センチ、横二〇センチ、深さ二〇センチばかりの木製品であったが、その折の受刑者はその手箱の上に膝を菱形に折りまげて、謂わばガニ股と称されるような中腰の体形のまま三十分以上も立たされ、われわれは直立不動の姿勢でそれを目撃させられ続けたのである。「坐骨神経痛は、こうやっていればすぐ癒《なお》るんだ。……そら、だんだんよくなってきた。もうすこしよくしてやる」処刑に当った下士官が、アブラ汗を流して立ちつづけている受刑者の周辺を往ったり来たりしながら繰り返し浴びせかけているその声は、さながら地獄の底から聞えて来るもののようであった。総員罰直の禁止もわれわれには光明を与えてくれなかった。

＊2　作業開始前の点呼にさえ顔を出して置けば、途中で脱け出して何処かへモグっていても滅多に発覚することはなかった。小林君も私と同様、自分の分隊から脱け出して来ていたわけであったが、自分の分隊の者には口やかましい上級兵も、他の分隊の者に対しては不思議なほど無関心であったから、モグっている現場を見られても平気であった。但し、煙草盆以外の場所で喫煙していることだけは喧《やか》ましかった。

＊3　半舷上陸の時には警戒警報でも駆け戻らねばならぬという規則は、入湯外出の場合には適用されていなかった。それが、この晩だけは市中へ隈なくラッパを吹き廻って、外泊中の全員が団内へ呼び戻された。私の応召中は勿論のこと、海兵団の歴史でも最初の出来事ではなかったかと思う。陸軍では、これが非常呼集と呼ばれていたらしい。

退避も六時間半という長時間に及んで、横須賀警備隊（横警と略称）では陸戦隊編成の処置がとられたということであり、団内も敵の上陸に備えて竹槍などが持ち出される始末で、まことに物情騒然たる一夜であったが、それらはいずれも、大島沖を有力なる敵大機動部隊が北上中という情報が入ったためにとられた非常措置であった。が、それにも拘わらず、航空機偵察によって敵の大艦隊と認められたものの正体は、夜光虫の放つ光彩であったことが後になってから判明したのだから、正体見たり枯尾花ではないが、無敵海軍血迷ったりと言われても致し方なかったろう。敗戦を旬日の後に控えて、日本軍隊は「ものの影におびえる」ような状態におちいってしまっていた。

八月二日　木
〇六・〇〇起し。昨夜は一睡もせざりしため、朝食後〇七・〇〇頃より許可されて、一一・〇〇までデッキに眠る。午後、団内倉庫作業員として材木運搬に従事し、疲労。終日警報発令とならざりしにも拘わらず上陸*を失って残念。

*外出どめはマンネリズムの状態におちいって、兵隊の間でも、海兵団長は臆病すぎるというような非難の声が呟《つぶや》かれるようになっていたが、私も遂に自身の上陸をフイに

してしまった。まして、前夜の大騒ぎの後とはいえ、この日など一度も警報が発せられなかったので、私の無念にはやる方ないものがあった。この日、直子が意外にも一麦を連れて横須賀へ来ていたことを、私は翌日になってから知った。

八月三日　金

朝、*警八分隊の吉田一水来訪。伝言を聞く。午前、小林君と航海学校へモグリに行くも一〇・〇〇――一二・〇〇警報のため退避。午後は十一兵舎に於て見張術補修教育（講師、小達時雄上曹）。夜、めまいがして参る。熱もあるらしい。

＊この場合の「警」は横警、即ち横須賀警備隊の意味で、横警も団内にあったため、横団所属の分隊と区別する必要から「警何分隊」というふうな呼び方がとられていた。

私は前に、画家や彫刻家や指物師というような特殊な技術の所有者が、軍隊ではなんらかの特別待遇を受けていたことについて触れて置いたが、そういう連中には自身の道具、たとえば絵筆であるとか、ノミやノコギリのようなものを取りに行くという名目の下に、時おり公用札を持って自宅へ戻る機会が与えられていた。直子の弟の弘文が、甲府から歯科の道具を取るために帰京したことなどもその一例である。この吉田一水は、戸塚町一丁目のグラウンド坂上にある印判屋の主人だということであったから、この前日にも、やはりそうした特例が与えられていたのであろう。彼は「公用」で上京した帰途、集会所へ立ち寄ってブラブラしていたときなんとなく直子と識り合って、お互いの家が近いというようなことから伝言を頼まれたものであったらしい。日記に「伝言を聞く」と書いて、「直子」という主語が省略されているのは秘密の記入法の名残りのようなものであるが、直子は私に会わせるためにわざわざ栗平まで一麦を迎えにいって横須賀へ連れて来たのだそうである。

こうして直子とともに一たん帰京した一麦は、そのとき栗平から同行した幸子に伴なわれて、ふたたびその翌日あたり疎開先へ連れ戻されていって終戦をむかえたわけであったが、せっかく安全な場所へ疎開させてあったものを、今から考えれば大胆というより、乱暴なことをしたものである。もっとも直子にしてみれば、親子が一緒に死ぬのなら、それでもかまわないというほどの考えに基づいていたのだろう。少なくとも、子をもつ母親にそういうことを考えさせるような当時の状況であったことだけは、忘れるわけにいかない。

八月四日　土

朝、被服係に未交附被服の請求を出す。課業始め前に小林君来訪。送院となって、十時までに横病へ行く由。*伝授の秘策が奏効したとて感謝さる。午前、前半段課は尾形分隊長の分隊教育（外出時に於ける諸注意）。後半段課は爆風除け築城作業。朝食前の体重測定は四三・五キロ。前回よりマイナス〇・五キロ。

＊私が小林君に伝授した秘策というのは、レントゲン撮影に際して「息を吸って、停めッ」と号令をかけられるとき、衛生兵に気づかれぬようにちょっと息を吐き加減にすれば、映像が曇るというだけのきわめて単純な方法で、それは私が横病入院当時に得ていた耳学問であった。嵐部隊の勤務の辛さと身体の不調に参っていた小林君は、私の入れ智慧を実践して入院の希望がかなえられたので、よほど嬉しかったらしい。「有難う、有難う」と何度も私の手を固く握りしめて別れを惜しんだ。

小林君の場合もまた、そういう前後の事情から考えて、仮病でなかったとは言い難いが、こういうことを書くと、小林君が如何にも卑劣な人だと思われそうな危険があるので、一言つけくわえておく。軍隊が呼吸器疾患を重視して、私のような消化器疾患をともすれば軽視したのは、伝染性の有無によって軽重を判断した当然の処置であったが、その結果は、低熱患者を病人と認めないという傾向になって顕われた。したがって、低熱ではあるが明らかになんらかの病気をもっていて、どうしても分隊の勤務がつとまらぬというような状態にある場合、われわれとしてはこの最後の手段――結核の仮病患者をよそおうより仕方がなかった。そして、小林君は身をもってそれを実践し、私はそれを実行に移さなかったというだけのことでしかなかった。但し、われわれ二人の健康状態においては、小林君よりも私のほうが若干重態であったことだけは事実であった。小林君は復員後、直ちに勤務先へ復職した。私は五年間病苦になやまされた。

八月五日　日
午前中、爆風除け作業継続。午後、日曜日課大掃除。晴天続きで暑い。夜、矢野口上水と七時から砲台兵舎へ映画を観に行く。漫画マー坊の出世太閤記。結婚命令。ビッショリ汗をかく。巡検後兵舎に戻り、二一・〇〇――二四・〇〇退避。

八月六日　月
〇八・〇〇――一〇・〇〇退避。退避後常に体のだるさを覚えるのは壕内の空気が汚濁せるためであろうか。午食までの短時間、陸戦講習。不動の姿勢、分隊行進、方向転換など。退避疲れを痛感。午後、被服係前に集合後、印鑑などを集めてから代表に選ばれ、被服庫へ交附表を持参。手続のため午後いっぱいを費消。
☆広島に原爆が投下されたのはこの日である。私は何時、何処でそれを知ったのか全く記憶を喪失してしまったが、そのニュウスが「新型爆弾」という名称を伴なって最初に私の耳に入って来たのは、まぎれもなく私の応召中であった。その記憶の断片を二つ書いて置く。

見えない影におびえて、夜光虫の光彩を敵の大艦隊と見誤まった無敵海軍には、もういちど誤報を発してわれわれを狼狽させたことがある。落下傘で敵機が横須賀沖へ白く光る爆弾を投下したという情報を、ある日の白昼突然受取って、血相をかえた兵隊たちはもうもうたる砂埃を捲き上げながら先をあらそって防空壕へなだれ込んだ。勿論、私もその一人であったが、すでに全身に疥癬がひろがっていた私は、左右のいずれであったか、ともかく足の甲にもそれが出来ていて、化膿のためにその数日前から靴紐をゆるめたままチンバを曳かなければ歩けないような状態におちいっていた。が、それにも拘わらず、その痛さをも忘れて命からがら防空壕へ飛び込んでいってから ふと気がつくと、何時の間にやらそのデキモノからは膿が吹ッ切れていた。私のデキモノを治療してくれたのは、「新型爆弾」であった。私は苦笑するより仕方がなかった。

原爆に関するもう一つの記憶は、敗戦前日に当る八月十四日の日記に三兵舎で衛生講話があったと記入されているので、たぶんその折ではなかったかと思うが、われわれには軍医から「新型爆弾」に関する知識を与えられたことがある。講話の内容をかいつまんで書くと、「新型爆弾」はかならずしも恐れるには当らない、白いものを着ていれば被害は最小限度に喰い止めることができる、現に広島でも……といったふうな甚だしく「実証的な学説」であったと記憶する。

八月七日　火

保健行軍あれど、足のむくみのため棄権。日ごろ課業にも出ず、横病の硫黄風呂に通っている連中まで出て行くも、残留して十、十一兵舎前地均《じなら》しのタコ突きに従事。一〇・〇〇――一〇・五〇警報あれど、防火隊員不在のため代理となって兵舎に残る。一八・〇〇より甲*外出要求のためのモッコ造り。

*われわれはこの前日あたり、分隊長から半舷上陸を取り止めにして、夜業を無しにするほうがよいか、それとも、夜業をしても上陸が欲しいかと決を取らされて、後者が選ばれたために、この日から否応なく夜業に従事させられたわけである。が、その結果はわれわれがみごとペテンにかけられたようなもので、みすみす損失を一そう大きくしてしまった。外出は絶無とはならなかったが、敗戦を目前にひかえて、大部分の者はチャンスを取逃がした。私もその一人であった。

八月八日　水

大詔奉戴日のため、外出員は九時出発。この中には一日附を以て一等兵となった木島君も含まれた。午後、部署訓練あり。防火隊員による消火見学。一六・二〇――一七・三〇退避。このため夕食はやや遅れたが、引続き残業のモッコ造り。就寝後、警報発令。退避せず。

八月九日　木

早朝より情報入手のため甲外出不許可。午前中、トロッコの保線工事。午後、鶏舎作業に行き、鶏舎前にて釘のばし。強風のため耳の穴から眉毛まで真白になる。夕別課に総員集合あり、副長の訓示にて本日正午ソヴィエトの対日宣戦布告を知る。同時に当分のあいだ外出なしと申し渡さる。モッコ造りの残業。石鹸配給。

八月十日　金

〇三・三〇起し。午前中いっぱい防空壕に過し、午後も退避。一三・〇〇解除となり、被服庫へ過日提出せる請求品の受取りに行く。別科時間まで待つも目的を果し得ず、明日と言わる。この時、*鵜飼上水と知り合う。夜、きんし、ほまれ各二十本（七十七銭）配給。

＊補充であったか二国であったか、いずれにせよこの人が応召兵であったことだけは間違いがない。株式仲買店に勤務していた人だというように記憶しているが、二人はソ連の参戦という話題から接近したようであった。

八月十一日　土

また〇三・〇〇起し。[*1]朝、一子よりハガキ来る。豊島区内へ転居の由。前日速達を出したとあるも不着。午前中いっぱいかかって未交附被服（略衣袴と冬袴下）[*2]を受取る。午後、十一兵舎に於て見張術補修教育。夕刻、入湯者[*3]とともに甲外出員外出。明日より外出は三十分の一となる旨の申し渡しあり。食事後、鵜飼上水来訪のためデッキ掃除をモグり、巡検後兵舎に戻る。この直後、警報発令。

＊1　敵機来襲の気配などなかったのにも拘わらず、前日に引き続きこの日も午前三時に起された。しかも日課時刻にはなんらの変更もなかったので、われわれは食事と掃除を済ませた後は手をつかねてデッキでぼんやりしていたのだから愚劣であった。早起きは空襲の予想にそなえてとられた措置であったが、追い詰められた軍隊は夜光虫の一件以来、外出どめを乱発したり、「新型爆弾」投下の誤報を発したり、いよいよ

混乱の極に達していたようである。

＊2　私が略衣袴を下附されていなかったため、分隊を移動する度ごとに苦労を重ねていたことについては幾度か繰り返したが、ようやく敗戦もギリギリの間際になってからそれを交附されたことは、ある意味で幸運というべきであったかもしれない。一たん官給品を渡された以上、今までの貸与品の略服は分隊へ返納せねばならぬことになっていたが、私は日本人としても小男の部類に属する。体重に至っては、お話のほかの軽量である。しかも、そのとき私に交附された略衣袴は前に渡された十二文の靴と同様、横綱には無理かもしれないが、十両どころの相撲ならば楽に着こなせるかと思われる程度の超特大型であった。そんなものであったからこそ、敗戦の間際まで被服庫に残っていたのであったかもしれない。海中で大タコに巻きつかれた潜水夫のようにこの大洋服をもてあました私は、やむなく洋服裁縫の心得があるという兵隊の一人に泣きついてなにがしかの報酬を支払い、どうにか上着の袖丈とズボンの長さだけは縫い詰めてもらったが、どう縫い込んでもらっても、そんなものが私の身体に合う道理などはなかった。栄養失調症で十貫そこそこになっていた小男の私が、縦はフライ級、横はヘヴィ・ウエストとでも言うべきシルエットの軍服を着込んでいる姿を想像していただきたい。病兵の私は、そういうハデな姿でションボリ復員したのであった。

＊3　夕食後になってから半舷上陸が許可されたわけだが、仮にも上陸を交換条件とし

て夜業が開始されていた手前、こんな変則な外出を許可することも已《や》むを得なかったのだろう。保健分隊の半舷上陸は「十二舷」または「十二分の一」と言われるもので、十二日目に一度ずつ外出が許されていたが、この日を以て三十日に一度とあらためられた。

八月十二日　日

昨夜二〇・〇〇発令の警報は今未明〇一・〇〇まで継続。デッキにて起床。〇四・三〇起し。睡眠三時間余。日曜日課の大掃除は中止して縄綯い作業。夕食時、甲板下士官*より当分のあいだ外出なしとの横鎮通達を聞く。

＊前日は夕刻から半舷上陸を許可して、以後は三十分の一と申し渡して置きながら、この日はまたこんな通達を出している。朝令暮改、軍はすでに翌日の予定も立てられないような状態に陥っていた。

八月十三日　月

〇四・〇〇起し。〇四・四五食事。〇五・一〇空襲警報、退避。一四・〇〇遅れた午食のため壕を出でしところ食事なかばにしてまた退避。一五・〇〇漸く午食終了。直ちに三度壕に入り、一七・〇〇解除。長時間待避のレコオドか。就寝後二度警報発令、退避せず。

八月十四日　火

〇四・〇〇起し。体がひだるく、瞼の裏に熱っぽさを感ず。午前、団内倉庫作業にて六兵舎前貯水池の周囲へ芝生を植えに行く。午食直後、デッキにて警*十六分隊の人から直子よりの手紙と豆を受取る。午後、三兵舎にて衛生講話。夕刻、デッキ掃除の頃より左大腿部の附け根の箇所がツリはじめ、痛さにたえかねる。

＊従前通り十二分の一の外出が許可されていれば、この日も私の上陸日に相当していたわけであったから、直子はまたまた集会所へ来て、この警十六分隊の人から、海兵団には当分のあいだ上陸がないと聞かされて、早々に帰宅した様子である。そのことは、集会所で直子から食べものを貰ったというこの人が、私に手紙と大豆のいったものを届けてくれた時刻が午食直後であったところから見ても明らかだが、直子にしてみれば、そんなことを聞かされるまでもなく、面会は断念していたようであった。さすがに敗戦前日の集会所には面会人の姿もなく、淋しいくらいに閑散として、ただならぬ雰囲気がただよっていた由である。

警十六分隊失名氏に託せる直子よりの書信。

御親切な方に御願いいたします。二日には子供をつれて来ました。きょう一人にて参り、疎開の事など御相談いたしたく思いましたが、もう外出も余りないような様子ですから、一先《ひとま》ず山の方へ行こうかと思います。外出できる折があったら、又知らせて下さい。御目に懸ってお話しできないのが残念です。御便りお待ちします。

☆これだけの文字が、縦九センチ、横六センチほどの改良半紙の切れはしに、鉛筆で走り書きされている。有り合せの紙を引きちぎったものであることは明らかで、切り口も不規則に乱れている。勿論、封筒などに入っている筈はなく、それがただ四つに折り畳まれていただけであった。そんな小さな紙片を、警十六分隊の人はよくも紛失せずに私の所まで届けてくれたものであった。

敗戦、復員

八月十五日　水

〇五・〇〇起し。〇五・二〇退避。前日来の左大腿部の痛み去らず。壕への歩行にも困難をおぼえる。朝食のため兵舎へ戻るも、食事なかばにまた退避。〇九・〇〇解除。午前中、受診票をもらって医務室へ行きたるも、午後から出直せと言わる。一一・四五総員集合。八兵舎前広場にて、正午より陛下の御放送。拡声機わるく、全く聞き取れず。*そのまま医務室へまわりたるところ、藤棚前に集まっていた患者の一群から休戦のことを聞く。診察なく兵舎に戻る途次、大八車にて槍の束が何処かへ運ばれて行くを見る。午後の課業はなく、縄綯いの残業のみ行わる。東京警備のため、海兵団からも二千名の兵が派遣されたと聞く。

＊玉音放送聴取の帰途、受診に廻ったなど不届きな奴だと思われるだろうが、八兵舎前の広場に集合していた一万人ちかい兵隊のうち、果してあの御放送を完全に聴き取っ

ていた者は幾人あっただろうか。われわれには「お言葉」の内容が理解できなかったのではなく、拡声機がわるくて「お声」がまったく聴き取れなかったのである。したがって医務室脇の中庭には、私のほかにも初診を申出た者が幾人か集まっていたわけで、私はその中の一人の口から「どうも戦争は終ったらしい」という言葉をはじめて聞かされたのであった。「そんなことを言い触らすと大変なことになるぞ」と言う者もあれば、「その話はほんとらしい」と言う者もあったわけで、半信半疑の私にはどうもピンと来なかったというのが、その時の実情であった。少なくとも、敗戦の大ニュウスが歴史的一瞬というような形で私の中へぱッと飛び込んで来なかったことだけは、まぎれもない事実であった。

私が槍の束を積んだ大八車の輓かれて行くのを見かけたのはその帰途であったようだが、敗戦の事実を確認したのは、兵舎に戻ってから後のことであった。午後の日課が取り止めになった兵舎の中には人影も稀で、話し声を立てる者もなく、妙にシーンとしていた。そんな中で、私と同班の一人が、なにかの拍子にふッと低い笑い声をもらした。すると、通路を隔てた向う側の居住区にいた下士官の一人が裸足のまま猛烈な勢いで飛んで来て、「貴様は日本が敗けたのがおかしいのか」と言うなり、がアんと一発くらわせた。やっぱりほんとなんだなと、私は思ったのである。

そういう光景を見届けてから、私はこみ上げて来る嬉しさを抑えるために兵舎を出て、なんということもなくその辺を一人でぶらぶら歩いた。私の主観の比重は、日本が敗れたということよりも、もっぱら戦争が終ったという事実の方にかかっていたようである。私が兵隊という立場に置かれていたからだろう。この日は夜に入ってから後も、兵舎の内外ともにまず穏かであった。鳴りをひそめているという感じであった。

☆東京で唯一人頑張りつづけていた直子が、いよいよ栗平へ疎開するつもりになっていたことは、警十六分隊の人に託してよこした文面でも明らかである。そのため、直子は増林村の平野方へもこの数日前に出掛けていって荷造りを済ませてあったのだが、その荷物の発送は出羽《でわ》村の野口武雄氏に十五日と依頼してあったので、敗戦のラジオを聴いてから直ちにそれを取消しに出掛けて行ってみると、野口氏のほうでも様子がおかしいと考えて発送は見合せてあったとのことである。野口氏は直子の死んだ長兄の学友で、越ケ谷から増林村とは反対方向へ一里余も引込んだ所にある出羽村の大地主であったが、戦後に亡くなった。私どもでは、この野口氏にも一方ならぬお世話をお掛けした。日ごろは大変な混雑ぶりを示していた東武電車も、さすがにこの日ばかりはガラガラに空いていたとのことである。

八月十六日　木

〇五・〇〇起し。昨日まで総員起し直後に防空壕へ運んでいた寝具も、今日からは兵舎にとどめる。朝礼の折、分隊長は「三千年の光輝ある歴史と海軍の伝統……」と言いさしたまま涙のために絶句。陛下にお詫びする意味での遥拝が行われて後、浅間神社参拝。この整列の時、甲板下士官から「まだ軍隊なんだぞ」と不揃いをたしなめらる。朝食後受診（小川軍医）に行き、[*]患者日誌作製の衛生兵から「米国水だろう」と言わる。休業となる。一〇・〇〇——一一・〇〇退避。午後から患者の一人としてデッキに横たわる。夕刻、洗石配給。

＊私の兵籍番号は「横国水一八九四一」であった。患者日誌にそれを記入してもらうために「横国水……」と言いかけたとき、私は衛生兵から「米国水だろう」とマゼ返された。こういう皮肉な言葉の端にも、敗戦の現実があったわけである。

八月十七日　金

分隊によっては、まだ防空壕掘りを続けているものもある。デッキで寝ていると窓越しに掌汽長の煙突が見えるが、煙と共に夥《おびただ》しい紙の燃え殻の飛び散っていくのが望まれる。[*1]書類焼却の由。一三・〇〇ごろB29上空を飛翔し、対空射撃の砲声のみ高けれど、警報なく退避もなし。夕食時、酒保物品配給のため一人一〇円ずつ徴集。甲板事務室にて半靴、襦袢その他の交附交換あり。[*2]

＊1　私も強い風の吹きつける炎天下の海岸で、半日半裸の姿になって書類焼却の作業を続けさせられたことを記憶しているが、日記には記載もれになっている。前後の事情から考えて、十九日あたりではなかったかと思う。

＊2　この日あたりから、そろそろ貯蔵物資の分配が計画され、また実行しはじめられた。交附交換というのは、交附品――即ち官給品の衣類で古くなった物を、新品に交換したことを意味する。

八月十八日　土

「紫」診察日のため受診に行きしところ、小川軍医官より「いいだろう、もういいんだろう、全治にしろよ」と言われて休業取消しとなる。一〇・〇〇B29飛来、退避。午後、団内作業員として海岸附近へ地下足袋その他の片附けに行き、続いてクワとカマとをリヤカアにて木工場へ運搬。前田一整より靴ゴム底（一足分五円、五足二〇円）入手。甲板事務室へ貸与服返済。夕刻、クジに当って風呂敷（五二銭）の配給を受く。二二・〇〇――二三・〇〇不寝番。

八月十九日　日

日曜日課の大掃除、午後の慣例を破って午前中に行わる。誰も作業の気力をうしない早く帰宅させればよいのにと呟き合っている。海兵団の米はもう五日分ぐらいしか備蓄されていないから、それ以上は置くこともあるまいなどとも伝えられている。午食は乾パン（またしても青くカビている）と汁粉＊だ。酒保物品の配給は取止めの由にて、一昨日徴集の一〇円は返済さる。

＊私は敗戦直後、防空壕の附近にゆで小豆の罐詰を詰めた木箱が、トラックで二台分ぐらい積み上げられているのを見たことがあるから、この日の午食の汁粉は、その罐詰が開けられたものであったかもしれない。こんなものでは腹がもたないとこぼしながらも、兵隊たちは久しぶりの上等な甘味に舌鼓を打った。海兵団には五日分しか米の備蓄がないというような噂も、こんな代用食が出されたところから流布されたものではなかったろうか。

　私は復員の日、団門を出てから駅へ歩いて行く途中で後から来たトラックに追い抜かれ、そのトラックの上から平たい木箱が路上へ放り出されるのを見かけたことがある。路上で待っていた兵隊はそれを受取ると、すぐ眼の前の外食券食堂へ運び込んでしまったが、その木箱は私にも見覚えのあるツクダ煮の箱であった。団内の収蔵物資がこのような方法で少しずつ外部へ持ち出されはじめたのは、おそらくこの日あたりからではなかったのだろうか。各自から一〇円ずつ徴集された酒保物品の配給が俄かに取止めになったことにも、キナ臭いものが感じられる。

八月二十日　月

甲板事務室の黒板に出ている予定表には、午前午後とも武技体技となっているが、下士官も兵も一日デッキでただブラブラしている。煙草も完全になくなったが、煙草盆にも手持無沙汰な連中がかたまり合って、ぼそぼそ話し合っている。退団予定は二十五日というのが有力な説のようだ。横須賀に下宿を持つ妻帯者と下宿に秘密書類の置いてある者のみ、整理のための外出許可。夜、抽籤《ちゅうせん》にて洗石とマッチ二箇配給さる。燈火管制廃止となり、初めて兵舎外に電燈の光の投ぜらるを見る。

八月二十一日　火

何処の分隊にも、作業をする者の姿は見当らず。保健分隊も今日は兵舎対抗の排球試合にて、選手以外の総員は応援せよとの命令なれど、モグッて靴底購入の行列につく。応援不参の口実のためなり。高熱のため朝昼とも食慾不振。田村一水からもらった薬を服んでぐっすり眠る。夥しき発汗なれど、やや気分よくなる。夕食の汁は、烹炊所に依頼して鶏舎の鶏をつぶして入れたとのことなれど、四百名弱の分隊に二百匁の雛三羽にては味もせず、香りもなし。夜、酒保にて酒を自由販売（一名につき焼酎一カメ、またはビール二ダース）せしため*酔漢続出。来訪せる鵜飼上水と深夜まで海岸附近を散歩。

*保健分隊の下士官の中には、軽度の戦傷者もふくまれていた。そういう人たちは敗戦以来「俺たちは何のためにカタワになったんだ」というような不平をもらしはじめていたが、忿懣《ふんまん》はさらに酒によって一そう強く誘発された。中には日本刀を振り廻す者まで出て来たので、私はそういう危険を避けるために、訪ねて来た鵜飼上水と二人で兵舎を出てしまった。私が兵舎へ戻った時刻は、一時に近かったかもしれない。

八月二十二日　水

久しぶりの雨。朝、イチジク罐詰、十四名の卓に一箇配給。今日は日課手入れもなし。夕食前、十兵舎に二分隊、十一兵舎に三分隊、十二兵舎に七分隊と、各在籍分隊毎にわかれて立附あり。帰還準備のためのものなり。解散も間近かに迫ったとの感を深くす。夜、恤兵品の煙草配給。毎度のことながらH・K班長の分配法には不正が感じられる。夜の更けるに従って雨勢はげしくなり、諸所に雨もりのため、幾度か寝場所を移りながら眠り続く。二、三、七分隊以外の所属者は、それぞれの固有分隊へ還っていった。

八月二十三日　木

朝、甲板事務室にて略帽の交附交換をしてもらう。退職金請求書作製のため文字を書ける者、各班より一名ずつ整列の号令にて飛び出すも、未着手のうちに三分隊在籍者集合を命ぜらる。直ちに荷物をまとめ一兵舎屋上に至る。保健分隊に戻って午食。またしても乾パンなれど、今日は恤兵品のミルク（二卓に一罐）がつく。午後一時ふたたび集合して、航海学校の三分隊に移る。此処は盗難甚だしく、昨夜など四十件もあったが、犯人は一人しか見附からなかった由。夕食直前（六時）集合あり。*各鉄道線別に分けられ、退職金不要の者のみ明朝退団の申し渡しありしため、その方に加わって豪雨の中を濡れながら一兵舎に行き手続を済ませ、八時過ぎに戻る。明日帰還が決定しては眠る気にもなれず、二名の知己と十一時頃まで海岸にすごす。母がいたらどれほど喜んだかと思う。デッキ満員のため、階段の踊り場に眠る。

*私にはこのとき、直子がまだ東京に踏みとどまっているか、すでに栗平へ行ってしまったか、そこのところが分らなくなっていた。敗戦前日の十四日に直子が横須賀へ来て、警十六分隊の人に手紙を託してよこしたという事実はあっても、戦後の混乱には私などの想像にあまるものがあった筈だから、それからでも疎開をするということは

充分に考えられたわけである。そのため、私はこの集合の時にも、とにかく信越線による帰還者のグルウプへ加わって、栗平までの無料乗車証明書を入手して置いた。そうして置けば、一たん東京で途中下車して直子がいない場合にも、すぐ栗平へ廻れるだろうと考えたからであった。しかし、その時の私の推定では、どちらかと言えば、直子はもう東京にいないだろうという気持のほうが強かった。

敗戦によって、兵隊は例外なく一階級ずつ進級し、私もポツダム上等兵になっていたわけであったが、応召中一日も上等兵としての待遇を受けたことがなく、そういう通達も受けなかった。しかも、人伝てに上等兵になったと聞かされた時には軍隊が軍隊でなくなっていたのだから、私は今でも自分が一等兵で復員したと信じている。その私の退職金は六百何十円かであると聞かされたが、私はその権利を放棄して二十四日に復員してしまった。

戦後は物価が騰貴して、金の価値は忽《たちま》ち暴落してしまったが、それでも、その時の六百何十円かはバカにならぬ額であった。その金が欲しいために、自ら復員を遅らせた兵隊も半数ぐらいはあったわけだが、私はよしんば残留組に加わってみたところで、おそらくその金は受取れないだろうと推定した。一部の軍人によって、あくまで抗戦するという意味のビラが飛行機から撒かれたのは、十六日ごろであったろうか。一方には進駐軍の到着が伝えられ、そうなった場合には、残留兵によって横須賀警備のために保安隊というものが新しく編成されるというニュウスも流布されていたので、私にはそういうものにつかまったら、更に復員が長びくだろうという心配もあった。いや、それよりもなによりも、私には一日も早く軍隊からはなれて、家に戻りたいという慾望のほうが強かった。六百何十円かの金には換えられないという思いで、明日帰還希望のグルウプへ飛び込んでしまった。

それにしても、私が与えられる筈になっていたその退職金は、その後どんなふうに処理されたのだろうか。受領を棄権して復員を急いだのは私一人ではなく、大変な数だったから、その総額は莫大なものであったに相違ない。いずれにせよ、日本軍隊の終末には、甚だ不明朗なものがあったわけである。

八月二十四日　金

昨夜はやはり、海岸へ出ていた間に二枚の毛布のうち一枚を取換えられてしまった。踊り場の板の間へ寝たせいか、三時に眼をさます。朝食前、携帯糧食（米、乾パン、罐詰）運搬の作業に出て、食後直ちに出発準備を命ぜられたが、こちらの班では八班に五箱ずつ割当てられた乾パンは他の班で分配されてしまい、罐詰も一箇も渡らぬ結果となって、そのまま一兵舎に行く。此処で移動証明と鉄道乗車証とを渡されて、米[*1]二升とわずかな乾パンと鱒《ます》の水煮罐詰とをもらい、午前九時退団。途中あけぼの食堂に寄って憩《やす》み、鎮守府の前まで来ると雨に降られたので雨宿りをして、駅前へ来てみると大変な行列であった。大荷物を持った兵隊が多く、電車は満員で坐れず。横浜あたりから車窓の両側に焼跡が見えはじめ、六郷の鉄橋を渡る時、同車した矢野口上水に此処から東京ですと説明するうちに涙含んでしまった。通路が荷物でふさがれており、品川で山手線に乗換え損じたため東京駅から中央線まわりで高田馬場に至る。途中で氷屋に立寄り、[*2]四時過ぎ帰宅。直子はやはり東京で帰りを待っていた。疲れた。とても疲れてしまった。

＊1　直子が東京にいてくれたからよかったようなものの、そうでなかったら、私はわずかな乾パンと鱒の罐詰と二升の生米とで栗平まで露命をつないで行かねばならなかったわけである。軍隊からこれだけしか持ち帰らなかった私は確かに要領の悪い兵隊であったが、そういう人間は私一人ではなかった筈である。少なくとも最後に私と同じ班に属していた幾人かは、私とほぼ同量の糧食しか携行していなかった筈であったが、彼等はどんなふうにしてあの混乱のさなかに、各自の長旅を続けて家路にたどり着いたことであったろうか。

　そんな人間もいた一方には、担いきれぬほどの大荷物を背負って、あえぎあえぎ復員した者も少なくなかった。私が団門を出て横須賀駅へ行き着くまでの間に見かけた復員者の一人は、衣嚢をリュックサックのように改造して、更にそれよりも大きな荷物を両脇にくくり附けただけでは足りなくて、その上にもう一つ荷物を横にして積み重ね、食糧を山と詰め込んだ食罐を両手に提げていた。おそらくは二十貫以上にも相当するような重量ではなかったかと想像される。更に私は、復員直後に親戚の者の訪問を受けて、何処の誰某ちゃんは何と何とを持って来たというような話を聞かされたが、いたずらに不快感を掻き立てられたばかりであった。私が応召したのは、軍隊へ物をもらいにいったのでもなければ、盗みにいったのでもなかった。「その代り、ぼくは他の人がもらわなかったものを貰って来ましたよ」と私は精いっぱいの皮肉をこめて相手に言った。私は栄養失調症という得難いミヤゲをもらって来た。そのミヤゲのために、私は復員後も五年あまり苦しまされ、全快までには八年の年月を要した。

＊2　午前九時に団門を出た私が戸塚の家へたどり着いたのは午後四時であったから、その所要時間は七時間である。横須賀で電車に乗れなかったため、そんなに長い時間が消費されてしまったのだが、高田馬場から留守宅に至る七、八町の道のりにも、私は小一時間にちかい時間をかけてしまった。戸塚二丁目のロオタリイ附近で氷屋へ立ち寄って息抜きをしたのは、重さにたえかねて一たん肩からおろした荷物をふたたび担い直すだけの力を失ってしまっていたからである。その朝、食糧の運搬作業に狩り出された時には、二斗入りの米のドンゴロスを肩に載せて階段を何度も駆け上っていたのにも拘わらず、漸く一年間の軍隊生活から解放されて東京の土を踏みしめたとい

う安心感――緊張の弛緩が、私の全身から力というものを完全にうしなわせてしまっていたのだろう。味もそッけもない、ただ赤インキをぶッかけたようなかき氷で喉をしめした私は、二枚の毛布をくくり附けた衣嚢をズルズル地面へ曳きずりながら、漸く留守宅の格子戸の前へたどり着いた。

「おうい」という私の呼び声を聞きつけて二階から駆け降りて来た直子が涙をうかべていたかどうか、あいにくその「歴史的一瞬」は、私たちの記憶からきれいさっぱりズリ落ちてしまっている。どうも、ヨヨとばかり泣き崩れたり、夫婦相擁して感涙にむせんだりしたことはなかった様子で、当然のことが当然実現したというような、なんだかぼやアッとした状態が二人の上にはあったようである。それから私は玄関の三和土《たたき》の上で身ぐるみ衣類を脱ぎ棄てて、字義通り素裸になってから浴衣を肩に着せかけてもらって、漸く座敷に上った。たとえ一匹たりとも、シラミを家の中に入れたくなかったからである。

以上で「日記」の記述をおわるが、当時、列車乗車券の入手は甚だしく困難をきわめたのにもかかわらず、直子が東奔西走していることに疑問を持たれた方もあるかと思われるので附記しておく。直子が当時として異例の行動をとることができたのは、国鉄関係の秋山敏夫氏の御好意によるものであった。

なお、私が直子とともに栗平へ家族を引き取りにいったのは九月十日であったが、そのまま健康状態が悪化して、ようやく二十七日になってから帰京した。その間に、東京の留守宅へは家屋の所有者である末吉氏の一家が疎開先から戻って来てしまっていたので、私たちは東京をはじき出される結果になってやむなく越ケ谷へ転居した。私たちが、強制疎開を受けて取り壊された以前の家の跡にバラックのようなものを建てて、ふたたび東京の人間に戻ったのは二十二年の三月九日であった。

あとがき

記憶ほど頼りなく、信を置くに足らぬものはない。私は執筆中しばしば不明の箇所にゆきあたって、ひとつひとつ海軍生活の体験者に問いたださねばならなかった。それらに対して、いちいち懇篤な御解答をあたえてくださった方がたの御好意には、ここであらためて深謝の意を表さねばならないが、同時に、私はその場合にも、記憶というもののもつ不確実性に幾度か驚かされねばならなかった。まことに、歳月は忘却の同義語であるかの感がふかい。私は、そのためにも一そう、こうした記録は、ぜひとも今のうちに書きのこして置かねばならぬものであるとの確信を強められた。

本書の重要な位置を占める註釈と補遺の記述に関しては、いうまでもなく調査の万全を期して、すこしでも正確であろうとすることに努めたが、それでもなお、私一個人の日常の上などで、いかなる詮索の力も及ばぬ点が、きわめてわずかながらのこされたのは已むを得ぬ結果であった。しかし、そのような場合にも、私は一切の作為を捨てるようにした。なによりもまず、本書は事実の忠実なる記録であらねばならない、一行の嘘をも書くまいというのが、本書の執筆にのぞんで私のとった、一貫した態度であった。

なお、人名中に頭文字を使用した場合があるのは、氏名不詳のためではなかった。執筆内容が、結果的にそれらの人々の名誉を傷つけることを避けたいと考えたからである。

最後に、本書に収録された書簡は、すべて掲載の御承認を得たもののみである。御快諾をあたえてくださった諸兄姉に心からあつく御礼申しあげ、かつ旧カナを新カナに統一させていただいた非礼をお詫び申しあげたい。

著　者

解説　「カンニング・ペーパー」に書かれた敗戦日記

平山周吉

「一行の嘘をも書くまい」

本書『海軍日記――最下級兵の記録』の「あとがき」に、著者・野口冨士男（一九一一―一九九三）が記したこの覚悟は並大抵のものではない。「嘘」とは意識して言う嘘に限らない。うっかりミス、勘違いはもとより、時間の経過とともに変容していく記憶、自己の考えや歴史観の正当化、そうしたあらゆる「嘘」の発生を執拗に点検し、排除して、この「敗戦日記」は成立している。「記憶というもののもつ不確実性」、「歳月は忘却の同義語」という言葉も「あとがき」には出てくる。本書の初版が敗戦十三年後の昭和三十三年（一九五八）に出版されている事実と思い合わせると、七十数年前までの「戦争の時代」を知ることがいかに難しいか。私はかつて本書を誇大広告気味に「国宝級」の日記であると評したことがあるが、時間がたてばたつほど、本書の存在価値は高まっている。

『海軍日記』初版時の帯には井上靖の評と、舟橋聖一と十返肇《とがえりはじめ》（文芸評論家）の推薦文が載っていた。同時代の雰囲気を知ってもらうために舟橋と十返の文章を引用しておこう。

舟橋聖一「野口冨士男君にとっても、これは貴重な記録であり、氏の小説同様その克明な緻密さに敬服した。或はノン・フィクションは、野口氏の個性にぴったりあてはまるかもしれない。その上柔軟な文体と鮮明な描写力に恵まれているので、鬼に金棒である。また、別の観点から言えば一兵卒から見た日本敗戦の姿をまざまざと浮びあがらせている。／戦後、ながく沈黙をまもっていた野口君は、この本で、再び文壇へのし返すであろう」

十返肇「軍隊のなかにいて、一兵隊がこんな詳細なメモをつくるということは、外国ならいざ知らず日本の場合稀有の事だ。平素から丹念な野口冨士男ではあるがそれにしてもこの日記には驚嘆のほかはない。いかなるイデオロギイにも、もたれかからず純粋な眼で見た大日本帝国海軍の正体が、あざやかに読者の前に浮かびあがるであろう」

「日本敗戦の姿」、「大日本帝国海軍の正体」を下級兵士の視点から描いた『海軍日記』は不運な本だった。版元の現代社が倒産してしまったのも大きい。終戦時の日記としては、当時はまだ永井荷風の『断腸亭日乗』くらいしか本になっていない。刊行の時期が早すぎたのだ。高見順『敗戦日記』、徳川夢声『夢声戦争日記』が出るのは『海軍日記』の翌年、翌々年である。野口冨士男も作家としては、芥川賞候補作家に過ぎない「軽量級」と見做《みな》されていたという事情もあるであろう。

野坂昭如『「終戦日記」を読む』（中公文庫）には終戦時を記録した第一級の日記が網羅されている。前記の荷風、高見、夢声はもとより、山田風太郎『戦中派不戦日記』、大佛次郎『終戦日記』、『海野十三《うんのじゅうざ》敗戦日記』、中野重治『敗戦前日記』、伊藤整『太平洋戦争日記』、渡辺一夫『敗戦日記』と文学者中心なのだが、内田百閒『東京焼盡《しょうじん》』と野口『海軍日記』が洩れているのだけが残念だった。ここにも「不運」を引き摺《ず》っていたのかと思っていたが、『「終戦日記」を読む』、『東京焼盡』、高見順『敗戦日記』などと並んで中公文庫の棚に入ることになった。敗戦国日本がやっとこさ国連加入を許されたとでも言ったらいいのだろうか。

野口冨士男が大きな影響を受けた作家としては永井荷風と徳田秋聲の名をまず挙げなくてはならない。その事情は『わが荷風』（読売文学賞）、『徳田秋聲傳』（毎日芸術賞）に詳しいが、『海軍日記』にも二人の文豪の影は顕著である。野口の復員後一年半の日記は『越ヶ谷日記』として、越谷市教育委員会から刊行されているが、その中に荷風の「罹災日録」を雑誌で読んだ感動を記している。荷風は空襲を予感して、秘蔵の珈琲、砂糖、西洋煙草を思う存分消費したと日記に記した。野口は共感を隠さない。「気骨と言わんには、あまりにも弱き反抗なり。されど、この反抗（？）に惹かるる読者こそ、荷風氏の読者なりと言うべし。或はまた、微笑ましく可憐なる江戸ッ児魂と言うべきか、不識《しらず》」。

荷風の昭和の時局への批判精神は野口のものでもあった。昭和十六年(一九四一)十二月八日、日米開戦の報を耳にした野口は新婚の妻と幼な子を連れてあわてて新宿へ向かう。これでもうアメリカ映画を観られなくなると、「スミス都へ行く」(監督フランク・キャプラ、主演ジェームズ・スチュアート、ジーン・アーサー)を上映中の昭和館へ駆けつけるのだ。「観客も、十名をちょっと越える程度の入りでしかなかった。映画館を出ると、外は燈火管制で真暗であった」(私小説長編『いま道のべに』)。市井の新人作家だった野口に許された、精一杯の「あまりにも弱き反抗」であった。その「弱き反抗」のさらなる実践が、召集された海軍の兵営内での日記の執筆だった。

「後架」(トイレ)の中で、軍法会議にかけられる危険を冒して、小さな文字で書き記された手帳を、野口は中学生の「カンニング・ペーパー」に比している。ここが他の多くの「日記」と『海軍日記』を分かつところである。日記を記す「自由」も許されない軍隊という窮屈な空間で、生活をまるごと「記録」する。「最下級兵」という低い視点から見えてくる軍隊を、「あるがままに描く」という方法こそが、野口が師・秋聲から受け継いだものであった。『海軍日記』には、情報局の干渉によって新聞連載が中止となった秋聲の遺作『縮図』の単行本出版のエピソードも出てくる。単行本のもとになった新聞切り抜きは野口が所持していたものである。野口の物持ちのよさ、整理能力、几帳面がよくわかるエピソードだが、そうした性格はすべて『海軍日記』の執筆に生かされている。『海軍日記』は一下級水兵の記録であると同時に、どん詰まりまで追い込まれた近代日本の臨終を描く文学者の記録なのである。

野口は明治四十四年（一九一一）生まれなので、敗戦の年には数え三十五歳だった。満年齢では三十三歳から三十四歳である。同い年生まれで最近までお元気だった人には、日野原重明（聖路加国際病院院長）、柴田トヨ（九十八歳で発表した詩集『くじけないで』が大ヒット）がいる。職業軍人なら瀬島龍三（戦後は伊藤忠会長）、テロリストなら小沼正《おぬましょう》（血盟団事件）、映画監督なら本多猪四郎（「ゴジラ」）が同年である。「暮しの手帖」の花森安治（「欲しがりません勝つまでは」）、画家の香月泰男《かづきやすお》（シベリア抑留）、作家では田村泰次郎（「肉体の門」）、八木義徳（妻子を東京大空襲で亡くす。野口と親しく、『八木義徳・野口冨士男 往復書簡集』が今年刊行された）、慶応幼稚舎と慶応普通部（旧制中学）で野口と同級だった画家の岡本太郎と歌手の藤山一郎と挙げていくと、彼らの世代が蒙《こうむ》った「戦争」の大波が少し想像してもらえるだろう。「大東亜戦争」の大義を信じられるほど若くはなく、敗戦間近になって、員数合わせのように戦争に狩り出された世代である。

戦局がここまで押し詰まっていなければ、野口が召集されるはずはなかった。体力虚弱、それどころか、病気持ちでクスリ漬けの身だった。平時なら足手まといである。『海軍日記』当時を、妻の目から描いた野口の小説『いのちある日に』（河出書房、昭和三十一年）では、妻は夫を、「軍服を着せられた病人」と形容している。横須賀の海兵団に入隊したはずが、「入院」と事実上変わりない、病室暮らし、病院暮らしが続くからだ。

野口は復員後も日記を書き続けており、総枚数は四百字詰め原稿用紙に換算して一万枚以上もある（越谷市立図書館野口冨士男文庫に所蔵）。その日記を見ると、『海軍日記』成立の事情がわかる。野口は小説「いのちある日に」を昭和二十五年（一九五〇）から書き始める。執筆、改稿、雑誌発表、加筆、改稿の作業が続き、単行本が出るまでに六年がかかった。改稿も終わりにさしかかった昭和三十一年（一九五六）八月十六日の日記に、「応召中の日記を取出し出版のこと思いつく」とあり、それからわずか四ヶ月間で『海軍日記』の原稿を書き上げている。小説執筆中に機が熟していたのか、異例の速筆である。「八月十六日」は終戦記念日の翌日であるから、この時期の新聞記事などに触発されたのかもしれない。野口の中にもともとあった「歴史家」的資質が刺激されたのだろう。あるいは、小説として書くと、いくら「嘘」を排除しても、世間はそうは受け取ってくれないのではないか、という危惧も頭をもたげたのだろうか。

書き上げてから刊行までにはさらに二年の歳月がかかるのは、当初出版予定だった河出書房の倒産があり、その後には何社もの企画会議を通らなかったためである。不運は貧乏神のように付き纏《まと》っていた。『海軍日記』の当初の仮題は「深夜の記録」である。この「深夜」とは、野口の実感した戦時下日本であった。野口の短編小説集『暗い夜の私』は戦時下のその時代を描く私小説である。

三十代半ばに達した「若い」老兵の悲惨で滑稽な軍隊生活は、ディテールをじっくり味わってもらいたい。煙草盆、入浴、シラミ（小説家であることがバレて、仕事として「シラミと兵隊」執筆を命じられることも）、あさましさの自覚、民間とは比べものにならない立派な防空壕、家族との面会、軍医や看護人の対応、病名の変遷、消え入るような同病者の死などなど、語り口によっては悲劇にも、喜劇にも、悲喜劇にも、恨み節にも早変わりするエピソードが、抑えた筆致で綴られる。その先は、読む者に任されているのだ。

文中に、「南海の孤島に玉砕した「勇士」が、死の直前までバッタアを喰らっていたという事実をもわれわれは忘れてはなるまい」というところがある。珍しく、著者の意図がひょいと頭を覗かせた箇所である。それから、「本書における私の唯一の感傷」と注された箇所がある。出征中に急死した最愛の母からの最後の手紙を掲載するところである。

最後に、私的なことを書かせてもらう。私が『海軍日記』に出会ったのはまったくの偶然だった。二十代の終わりである。それが機縁となって、戦時下の日記類を収集し、読むようになった。爾来四十年、読めば読むほど、歴史の「実像」はぼやけてきた。その多様性が歴史そのまま、歴史そのものだったのだ。

いまから昭和二十年を知りたいという方には、以上に名の挙がった日記を出来るだけ多く読み比べて欲しい。その年を知るには鳥居民《とりいたみ》『昭和二十年』（全十三巻、草思社文庫）、清沢洌《きよさわきよし》『暗黒日記』が必読書である。海軍のお偉方の日記ならば宇垣纏《うがきまとめ》『戦藻録』を勧める。山本五十六聯合艦隊司令長官とソリが合わなかった参謀長だが、いかつい面相に似合わず、ユーモアに溢れる日記なのである。宇垣中将は大分の航空基地で玉音放送を聞いた後、部下を引き連れて特攻攻撃に出て、帰還しなかった。

付記

越谷市立図書館野口冨士男文庫に所蔵される「野口冨士男日記」の記載については、平井一麥氏のご協力を得た。『海軍日記』にたびたび登場する、夫妻の一粒ダネ「一麦《かずみ》」チャンと同一人物である。

（ひらやま・しゅうきち　雑文家）

著者が応召時に持参した日章旗
（越谷市立図書館野口冨士男文庫所蔵）

『海軍日記　最下級兵の記録』
現代社、一九五八年十一月
文藝春秋、一九八二年八月

編集付記

一、本書は『海軍日記　最下級兵の記録』（文藝春秋、一九八二年八月）を底本とし、文庫化したものである。

一、底本中、難読と思われる語には新たにルビを付した。

一、本文中、今日の人権意識に照らして不適切な語句や表現が見受けられるが、著者が故人であること、執筆当時の時代背景と作品の文化的価値に鑑みて、底本のままとした。

中公文庫

海軍日記《かいぐんにっき》
——最下級兵《さいかきゅうへい》の記録《きろく》

2021年6月25日　初版発行

著　者　野口富士男《のぐちふじお》

発行者　松田陽三

発行所　中央公論新社
〒100-8152　東京都千代田区大手町1-7-1
電話　販売 03-5299-1730　編集 03-5299-1890
URL http://www.chuko.co.jp/

DTP　ハンズ・ミケ
印　刷　三晃印刷
製　本　小泉製本

Published by CHUOKORON-SHINSHA, INC.
Printed in Japan　ISBN978-4-12-207080-6 C1195

中公文庫既刊より

各書目の下段の数字はISBNコードです。978－4－12が省略してあります。

た-7-2
敗戦日記
高見　順
〝最後の文士〟として昭和という時代を見つめ続けた著者の戦時中の記録。日記文学の最高峰であり昭和史の一級資料。昭和二十年の元日から大晦日までを収録。
204560-6

と-28-2
夢声戦中日記
徳川　夢声
花形弁士から映画俳優に転じ、子役時代の高峰秀子らと共演した名優が、真珠湾攻撃から東京大空襲に到る三年半の日々を克明に綴った記録。〈解説〉濵田研吾
206154-5

と-28-1
夢声戦争日記 抄　敗戦の記
徳川　夢声
活動写真弁士を皮切りに漫談家、俳優としてテレビ・ラジオで活躍したマルチ人間、徳川夢声が太平洋戦争中に綴った貴重な日録。〈解説〉水木しげる
203921-6

う-9-7
東京焼盡《しょうじん》
內田　百閒
空襲に明け暮れる太平洋戦争末期の日々を、文学の目と現実の目をないまぜつつ綴る日録。詩精神あふれる稀有の東京空襲体験記。
204340-4

の-3-15
新編「終戦日記」を読む
野坂　昭如
空襲、原爆、玉音放送……あの夏の日、日本人は何を思ったか。文人・政治家の日記を渉猟し、自らの体験を綴る。戦争随筆十三篇を増補。〈解説〉村上玄一
206910-7

し-31-5
海軍随筆
獅子　文六
海軍兵学校や予科練などを訪れ、生徒や士官の人柄に触れ、共感をこめて歴史を繙く「海軍」秘話の数々。小説『海軍』につづく渾身の随筆集。〈解説〉川村　湊
206000-5

と-32-1
最後の帝国海軍　軍令部総長の証言
豊田　副武《そえむ》
山本五十六戦死後に連合艦隊司令長官をつとめ、最後の軍令部総長として沖縄作戦を命令した海軍大将が残した手記、67年ぶりの復刊。〈解説〉戸高一成
206436-2